味だれ5つで！野菜がおいしすぎる

料理家的
萬用淋拌醬

上島亜紀——著　　彭琬婷——譯

contents

PART 1　以蔬菜為主角的 每日料理

讓料理味道恰到好處的
5種萬用調味醬

均衡飲食是維持身體健康的重要因素之一，
雖然都明白這一點，但總是吃千篇一律的料理，
很容易失去新鮮感，因此專注於研究調味的上島老師，
開發了只要淋上或拌入，就能擁有完美口味的「萬用調味醬」。
這5種調味醬以味噌、醬油、鹽等調製而成，
只要改變食材的組合，就能展現味道的無限可能性！

萬用調味醬真的很厲害！

☑ 基底都是家裡的 **常備調味料**

萬用調味醬的製作食材很常見，像是味噌、醬油、芝麻、油等，只要用家裡常備的調味料，就能製作出基底味道。

☑ **用香料植物** 提升風味

蔥、大蒜、生薑、韭菜等香料植物，可以磨碎或切碎後加入。不僅可以增加風味，還能使調味醬更容易與食材結合。

☑ **使用果醬瓶保存** 更方便！

可以活用容量約150-200g的果醬瓶來保存醬料，這樣既方便放入冰箱儲存又不佔空間。

☑ **一次製作三餐的量**

每次製作的醬料約可以拌食材三次。當天享用後，剩下的量則保存起來，可用於其他料理。因為份量不大，所以不會吃膩。

如果是醬油韭菜醬，可以將一次份量用於「小黃瓜涼拌口水雞」（p.53），剩餘分量則用於「涼拌木耳彩椒」（p.102），這樣就可以享受到不同的料理。

1

將芝麻醬和芝麻粉混合，風味濃郁，豆瓣醬則略帶辣味！

芝麻味噌醬

白芝麻醬 2大匙	白芝麻粉 2大匙	味醂 50ml	味噌 1大匙	醬油 1大匙	豆瓣醬 1小匙	蒜泥 1小匙

作法
所有食材放入碗中並均勻混合。

保存期限 冷藏一週

芝麻味噌醬的
最佳食譜

用微波爐把茄子加熱，
在滑嫩茄子淋上大量調味醬。

芝麻味噌茄子

食材（2人份）
茄子…3個（250g）
調味醬 **1** …3大匙

作法

1 把茄子削皮後，放在耐熱盤上，並蓋上保鮮膜，接著使用微波爐加熱3分鐘，再上下翻面加熱2分鐘。

2 稍微放涼後，分成4等分，再盛到容器中並淋上調味醬。

1人份 111kcal、膳食纖維4.1g

2

根據搭配的食材，韭菜既可以是配角也可以是主角！

醬油韭菜醬

 + + +

醬油	韭菜末	砂糖	醋
50ml	50g	2大匙	1大匙

作法　所有食材放入碗中並均勻混合，再倒入瓶中，放入冰箱浸泡一夜。

保存期間　冷藏一週

醬油韭菜醬的最佳食譜

韭菜的香氣與香煎蓮藕相當搭配！

醬香韭菜煎蓮藕

食材（2人份）
蓮藕⋯1又½節（300g）
調味醬 **2** ⋯2大匙
芝麻油⋯1小匙

作法
1　蓮藕切成1cm厚度，放入水中浸泡備用。

2　在平底鍋用中火加熱芝麻油，放入擦乾的蓮藕片，煎約3-4分鐘，至兩面呈現金黃色後，盛入容器並淋上調味醬。

1人份　128kcal、膳食纖維3.1g

調味醬 **3**

根據使用方法，這種調味醬可以變成日式風味、中式風味或韓式風味！

美味鹽蔥醬

 + + + +

鹽	蔥末	雞湯粉	薑末	芝麻油	沙拉油
1/2小匙	75g	1小匙	1/2小匙	10ml	40ml

作法

將所有食材放入碗中並均勻混合，再倒入瓶中，放入冰箱浸泡一夜。

保存期間 冷藏一週

美味鹽蔥醬的最佳食譜

只需1分鐘即可上桌的速攻料理，充分吸收調味醬的蔥末是關鍵！

鹽蔥小黃瓜

食材（2人份）

小黃瓜…2根（240g）
調味醬 **3**…2大匙

作法

1 將小黃瓜切成4等分，放入塑膠袋中，用擀麵棍打拍，再加入調味醬拌勻。

1人份 42kcal、膳食纖維1.5g

調味醬 **4**

只要使用這款醬料，就能快速做出正宗的義大利風味！

香蒜鯷魚熱沾醬

 ＋ ＋ ＋ ＋

鯷魚醬
1大匙

蒜泥
3大匙

鮮奶油
50ml

橄欖油
50ml

粗磨黑胡椒
少許

作法
將所有食材放入碗中並均勻混合。

保存期間 冷藏4天

香蒜鯷魚熱沾醬
的最佳食譜

簡單的馬鈴薯，
在調味醬的襯托下
變成餐廳般的風味！

香蒜奶油
馬鈴薯

食材（2人份）
馬鈴薯…2顆（300g）
調味醬 **4**…2大匙

作法

1 將馬鈴薯連皮一起蒸熟（也可以使用微波爐加熱），切成兩半後放入容器，再淋上調味醬。

1人份 151kcal、膳食纖維13.7g

調味醬

5 這款具有甜味的調味醬與水果很搭,
也適合用於醋漬食材。

蜂蜜洋蔥醬

 + + + + + +

| 蜂蜜
1/2大匙 | 洋蔥泥
1/2顆分量
(100g) | 醋
2大匙 | 料理酒
2大匙 | 鹽
2/3小匙 | 粗磨黑胡椒
少許 | 橄欖油
50ml |

作法
將所有食材放入碗中並均勻混合。

保存期間 冷藏一週

蜂蜜洋蔥醬的
最佳食譜

口感酥脆又鬆軟,
調味醬更提引出南瓜甜味!

醋漬炸南瓜

食材(2人份)
南瓜…⅛顆(200g)
調味醬 **5** …3大匙
油…適量

作法

1 南瓜切成1cm厚度。

2 在鍋中加入1cm高度的油,並
加熱至160度。將南瓜片放入
鍋中炸至金黃色後起鍋,再加
入調味醬混合均勻。

1人份 151kcal、膳食纖維3.7g

本書使用方式

為了讓大家可以充分利用食譜，並每天都能美味地享用料理，
我們整理了書中的標示方法和注意事項。

調味醬 使用的調味醬。作法可以參閱p.6-10。

營養成分計算 標記1人份的大約熱量和膳食纖維量。

蔬菜與重量

PART 2 & 3 中，列出了食譜使用的蔬菜重量。它是以1天所需攝取量（350g）的一半量為基準來組合。

烹飪要點

解說了製作美味料理的訣竅和注意事項。

這樣大約350g！

洋蔥1/2顆、花椰菜1/4顆、彩椒1/2顆、生菜1個、四季豆5根、小番茄3顆。

注意事項

● 1小匙是5ml，1大匙是15ml。
● 蔬菜在無標示的情況下，都是在洗淨、去皮、去蒂等步驟後進行料理製作。
● 調味料在無標示的情況下，糖是指白砂糖，麵粉是指低筋麵粉，胡椒可根據喜好使用白胡椒或黑胡椒。
● 「高湯」指用昆布、柴魚片、小魚乾等製成的和風高湯。若使用市面販售的產品，請按照包裝指示進行。市面販售的產品可能含有鹽分，建議先品嚐味道後進行調整。
● 固體湯底、顆粒湯底使用的是如法式清湯等西式風味湯底，雞骨高湯則是使用中式湯底。
● 熱量和膳食纖維的數值，可能會因食材的個體差異而有所不同，僅作為參考（按個人喜好加入的配料，不包括在計算中）。
● 微波爐的加熱時間是以600W為標準（500W是1.2倍的時間，700W是0.8倍的時間）。不同型號的微波爐可能會有差異，請適當調整。

每天都能輕鬆料理的
蔬菜處理祕訣

蔬菜的美味會因為洗淨方式和備料方式而有所不同，
同一種蔬菜也會因切法、組合和擺盤而使外觀產生變化。
現在就來學習如何輕鬆準備好大量蔬菜，而且能讓美味加倍的祕訣吧！

祕訣

1

蔬菜透過浸水&徹底瀝乾，
就能保持清脆口感3天！

葉菜類蔬菜或小黃瓜片等蔬菜，可以一次性預先處理，這樣一來就可以節省每天的準備工作。

在裝冷水的蔬菜脫水機中，放入撕開的葉菜類蔬菜，以及切成圓片的小黃瓜。

確保蔬菜完全浸泡在水中，靜置10-15分鐘，使其更加清脆。

倒掉冷水，旋轉脫水機使蔬菜徹底甩乾水分（葉菜類蔬菜要翻面後，再度旋轉脫水）。

POINT!

包入空氣
一起保存是關鍵！

將瀝乾的蔬菜放入塑膠袋，引入空氣並綁好袋口，再放入冰箱。引入空氣可以使蔬菜不易腐壞，且能保持3天的清脆和美味狀態。

祕訣 2

藉由便利工具
簡單地切蔬菜

即使是同一種蔬菜，也會因切菜方式而產生不同的口感和外觀，可以根據搭配的調味醬或料理來選擇處理方式。

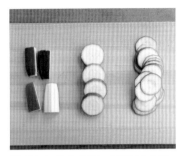

櫛瓜在加熱食用時，可以切成條狀或1公分厚的圓片，生吃時則可以切成圓形薄片。

較硬的根莖類或難切成薄片的蔬菜，建議使用切片器會更便利。

高麗菜或生菜等葉菜類蔬菜，用手撕成3-5公分，既簡單又容易讓味道滲透。

祕訣 3

使用不同容器或堆疊方式
巧妙地擺盤

我們往往會不假思索地使用常用的餐碗盛裝，但若能展示蔬菜切面或堆疊出立體感，就可以改變料理的整體視覺效果。

展示切面

將白花椰菜或綠花椰菜分成小段，再縱切成一半，展示切面會看起來很可愛。

立體盛裝

在扁平盤子中逐層放上蔬菜、肉或魚，看起來會更加立體，最後再淋上醬料更能刺激食慾！

色彩搭配

即使只有兩種主食材，藉由顏色的搭配也可以產生變化。

紅甜椒與黑色羊栖菜搭配，形成色彩對比鮮明的料理。

以櫛瓜和奇異果的顏色和形狀相互搭配，創造出好看又好吃的綠色蔬果料理。

4

既簡單又能做得美味！
透過預處理以節省時間

容易附著土壤的蔬菜，透過一些小技巧，就能輕鬆地清洗乾淨。想要使用微波爐加熱的根莖類蔬菜，也有能均勻受熱、讓口感鬆軟的小撇步。

洗蕪菁的方法

由於根部容易積聚土壤和污垢，切開後需浸泡在水中數分鐘。

將根部浸泡在水中，輕輕晃動，污垢就會自然脫落。

微波馬鈴薯的方式

使用刨刀器切成薄片，在微波加熱前混合調味料，這樣既可以入味又可以變得鬆軟。

加熱後，用木鏟混合並壓碎至喜歡的大小。

洗花椰菜的方法

將整顆花椰菜倒置在塑膠袋中，加入足夠的水浸泡整個花蕾，再旋轉袋子數回，這樣污垢就會脫落。

微波番薯的方式

使用刨刀器削去3-4處的皮，用保鮮膜包裹後微波加熱，再利用餘熱燜一段時間，這樣既不會太硬，也能保持鬆軟口感。

祕訣 5 善用乾燥香草

想在料理中增添一些風味時，乾燥香草很好用。
只需稍微撒一些，風味就會大大改變。

用蜂蜜洋蔥醬＋乾燥羅勒，製成醋漬風味的「蜂蜜洋蔥馬鈴薯」（p.39）。

用香蒜鯷魚熱沾醬＋乾燥羅勒，製成泰式風味的「泰式打拋風味彩椒雞肉」（p.51）。

祕訣 6 乾燥食材利用蔬菜水分泡軟

想在料理中增添食材時，常溫保存的乾貨就非常便利。
只需利用蔬菜的水分，就能縮短軟化的時間。

將洗淨切好的蘿蔔絲乾放入塑膠袋，再加入小黃瓜和調味醬混合，就能泡軟和吸收味道。

將洗淨的羊栖菜和彩椒依序放入碗中，用微波爐加熱後，利用蔬菜的水分把羊栖菜一邊蒸熟一邊泡軟。

祕訣 7 用葉子增添色彩

通常被丟棄的葉子部分，其實非常適合用來增添色彩，
建議保留下來並充分利用。

切碎的芹菜葉可以增加色彩，例如「蒜味培根芹菜綜合菇」（p.103）。

用蕪菁的葉子為單一色調的料理增添亮點，例如「醋漬柚子蕪菁」（p.31）。

想要每天飲食均衡，但是…

三大煩惱

1 料理總是千篇一律

2 吃膩調味醬的味道

3 每天製作很麻煩

≫

這本書會為你解決以上的問題！！

≫

只需這5種調味醬，就能把料理吃得更美味

每次要使用好幾種調味料進行調味很麻煩，而且容易變得千篇一律。在這本書中，我們將口味集結成5種「萬用調味醬」，根據搭配的食材不同，味道也會改變喔！

簡單用一種蔬菜就能做得好吃

即使只用一種蔬菜，根據調味醬不同，就能做出完全不一樣的料理！

只用單一食材拌入美味鹽蔥醬的「韓式風味番茄」（p.19）。

即使使用相同調味醬，味道也不一樣的「鹽蔥胡蘿蔔」（p.34）。

預先製作，省時省力

如果預先製作四人份的量，也可以作為便當或常備菜，非常便利！

可以保存3天的「醃漬彩蔬鵪鶉蛋」（p.96）。

超下飯的「韓式烤小青椒油豆腐」（p.108）。

加入肉或主食成為飽足的一餐

只需一盤就可以吃得滿足，還能攝取一日所需蔬菜的一半份量！

蔬菜滿滿的「番茄芝麻菜冷麵」（p.81）。

多種食材烹煮的主菜，也可作為副菜搭配麵包。

PART 1

以蔬菜為主角的
每日料理

只用蔬菜、水果、乾貨、香料等組合，
再淋入或拌上萬用調味醬即完成！
根據所使用的蔬菜、調味醬的不同，
料理的風味也會有所變化，十分有趣。

番茄

適中酸味的番茄，與任何調味醬都能和諧相融，提升美味度。請確保調味醬與番茄充分拌勻後再食用。

西式風味就靠蜂蜜洋蔥醬，
再利用羅勒添加異國香氣！

卡布里沙拉

食材（2人份）
番茄…2個（200g）
莫札瑞拉起司…1個（100g）
調味醬 **5**
蜂蜜洋蔥醬…1又½大匙
乾燥羅勒…⅓小匙

作法
番茄切成適口的塊狀。將莫札瑞拉起司擦去水分並撕成一口大小。

在碗中放入　、調味醬和乾燥羅勒，混合均勻。

1人份　178kcal、膳食纖維1.1g

番茄裹著滿滿調味醬，口感滑嫩，
也很適合放在麵食或豆腐上喔！

醬香韭菜番茄

食材（2人份）

番茄⋯2個（200g）
調味醬 **2**
醬油韭菜醬⋯1大匙
芝麻油⋯½大匙

作法

1 番茄切成1.5cm厚的圓片。在中強火加熱
的平底鍋中，放入芝麻油，把番茄煎至兩
面金黃色後，盛裝至容器。

2 鍋中剩餘的湯汁，加入調味醬拌勻，再淋
上煎好的番茄。

1人份 52kcal、膳食纖維1.1g

不用1分鐘！只需番茄和調味醬，
就能快速完成的美味料理。

韓式風味番茄

食材（2人份）

番茄⋯2個（200g）
調味醬 **3**
美味鹽蔥醬⋯2大匙

作法

將番茄切成一口大小的塊狀後放入碗中，
加入調味醬混合均勻。

1人份 46kcal、膳食纖維1.2g

洋蔥

生吃洋蔥時，建議切成薄片以斷開纖維，享受清脆口感；加熱後，其甜味更為凸顯，口感也會變得滑嫩柔軟。

1人份 143kcal、膳食纖維 1.7g

鮪魚罐頭與調味醬的組合，
給你滿滿的鮮味！

洋蔥拌鮪魚

食材（2人份）
洋蔥…1顆（200g）
鮪魚罐頭…1罐（60g）
調味醬 3
美味鹽蔥醬…2大匙

作法
1. 洋蔥縱向切半，使用刨刀器切成極薄片，再放入水中浸泡並徹底瀝乾。
2. 在碗中放入洋蔥，連同湯汁把鮪魚罐頭和調味醬加入，混合均勻。

利用微波爐的加熱和餘溫，
讓洋蔥變得柔軟又多汁！

洋蔥佐熱沾醬

食材（2人份）
洋蔥…2顆（400g）
調味醬 4
香蒜鯷魚熱沾醬…2大匙

作法
1. 將洋蔥縱切成4等分，把每一份包裹保鮮膜，用微波爐加熱4分鐘，上下翻面後，再加熱2分鐘，然後靜置3分鐘。
2. 剝除保鮮膜，把洋蔥放入容器中，均勻地淋上調味醬。

1人份 129kcal、膳食纖維 3.3g

利用小黃瓜的水分，
將蘿蔔絲泡軟和滲入味道。

涼拌小黃瓜
蘿蔔絲

食材（2人份）

小黃瓜…1條（120g）
乾燥蘿蔔絲…20g
調味醬 **3**
美味鹽蔥醬…3大匙

作法

1　小黃瓜縱向切半後，斜切成薄片。蘿蔔絲要搓洗並更換3次水，擠去水分後切成粗短條狀。

2　將 1 和調味醬放入塑膠袋並混合，排出空氣後封口，靜置10分鐘。

小黃瓜

有大量水分的小黃瓜，與乾貨搭配時，口感柔軟度會變得剛好，味道也更和諧。也可以拌入芝麻味噌醬，變成芝麻風味的涼拌菜！

1人份　75kcal、膳食纖維3.0g

在小黃瓜上刻入細小切痕，
使其更容易入味！

淺漬小黃瓜

食材（2人份）

小黃瓜…2條（240g）
調味醬 **2**
醬油韭菜醬…1又½大匙

作法

1　將小黃瓜橫放在砧板上，上下各擺一支筷子夾住，切出斜切痕（不切斷），翻面同樣切出斜切痕。再切成3cm長段。

2　將小黃瓜和調味料放入塑膠袋並混合，排出空氣後封口，冷藏醃漬約15分鐘。

1人份　24kcal、膳食纖維1.4g

茄子

與油脂相容性很好的茄子，推薦搭配如芝麻油或橄欖油等香味濃郁的油類。以下兩道料理，無論熱食或冷食，都十分美味。

1人份 107 kcal、膳食纖維2.9g

茄子表面抹油再煎，
是控制油量的訣竅！

醋漬煎茄子

食材（2人份）
茄子…3個（250g）
橄欖油…1大匙
調味醬 5
蜂蜜洋蔥醬…2大匙

作法
茄子切成1.5cm厚的圓片，浸泡水中去除澀味。瀝乾水分後，放入塑膠袋，加入橄欖油混合均勻。

用中火將平底鍋熱鍋，將 煎至兩面金黃色後關火。加入調味醬，攪拌均勻，靜置約15分鐘。

在醬油韭菜醬中加入
乾燥香菇的鮮味！

醬泡茄子

食材（2人份）
茄子…3個（250g）
切片乾燥香菇…2g

A ｜ 料理酒…1大匙
　 ｜ 水…2大匙

B ｜ 調味醬 2
　 ｜ 醬油韭菜醬…2大匙
　 ｜ 紅辣椒切段…½根
　 ｜ 芝麻油…½大匙

作法
在耐熱碗中放入乾燥香菇和A，蓋上保鮮膜後，用微波爐加熱1分鐘。放置1分鐘後，再加入B混合。

將茄子蒂頭切除，並把每個茄子用保鮮膜包起來，用微波爐加熱4分鐘。將包裹著保鮮膜的茄子浸入水中，垂直地撕成2-4等分，再放入 中醃漬。

1人份 71kcal、膳食纖維3.3g

趁熱淋上調味醬，
這樣更好入味！

蜂蜜洋蔥蘆筍

食材（2人份）
蘆筍…6根（200g）
調味醬 **5**
蜂蜜洋蔥醬…2大匙

作法

1 從蘆筍根部切除約0.5cm長度後，再各切成4等分。

2 放入耐熱碗中，蓋上保鮮膜，用微波爐加熱2分鐘，再拌入調味醬。

蘆筍

粗一點的蘆筍本身就具有存在感，所以只需加熱並拌上調味醬就能享用，或是撒上起司也很美味！

1人份 52kcal、膳食纖維1.9g

1人份 180kcal、膳食纖維2.1g

使用香蒜鰻魚熱沾醬，
更增添濃厚的風味！

起司烤蘆筍

食材（2人份）
蘆筍…6根 （200g）
披薩用起司…50g
鹽…¼小匙
橄欖油…1小匙
調味醬 **4**
香蒜鰻魚熱沾醬…2大匙

作法

1 從蘆筍根部切除約0.5cm長度。

2 把蘆筍拌入鹽和橄欖油，放在耐熱盤中，再撒上披薩用起司。放入烤箱烘烤約10分鐘至起司融化，最後淋上調味醬。

豆芽菜

豆芽菜與各種調味都十分搭配。拌入醬油韭菜醬即可做出日式風味，拌入香蒜鯷魚熱沾醬則能呈現出西式風味。

利用美味鹽蔥醬，5分鐘就能享用！

韓式涼拌豆芽菜

食材（2人份）

豆芽菜…1袋（200g）
調味醬 **3**
美味鹽蔥醬…4大匙
炒白芝麻…1小匙

作法

把豆芽菜放入耐熱碗中，蓋上保鮮膜，放入微波爐加熱3分鐘後，再繼續靜置1分鐘。

待稍微冷卻後，把水分擠乾並放入碗中，加入調味醬和炒白芝麻後，充分混合均勻。

1人份　78kcal、膳食纖維2.0g

將豆芽菜放在木耳上，
一邊加熱一邊泡軟更省時！

木耳豆芽
拌芝麻味噌醬

食材（2人份）

豆芽菜…1袋（200g）
乾燥木耳…5g
調味醬 **1**
芝麻味噌醬…3大匙

作法

將木耳用溫水沖洗，並浸泡5分鐘。瀝乾水分後放入耐熱碗，上方鋪上豆芽菜，再加入50ml的水。蓋上保鮮膜後，放入微波爐加熱3分鐘，並靜置1分鐘。

待稍微冷卻後，把水分擠乾，把木耳切成0.5cm寬的絲狀。將豆芽和木耳放入碗中，加入調味醬充分混合均勻。

1人份　111kcal、膳食纖維4.3g

青椒的口感清脆，生食可以感受到多汁，而煎過後則會變得柔軟且帶有甜味，建議連同種子一起烘烤！

青椒

連同青椒種子一起煎香，
將美味提升到另一個境界！

煎青椒
佐芝麻味噌醬

食材（2人份）

青椒…4個（140g）
調味醬 1
芝麻味噌醬…3大匙
芝麻油…½大匙

作法

1. 青椒縱切成一半。

2. 在平底鍋中倒入芝麻油，以中火把青椒兩面煎至呈現金黃色。裝到容器後，淋上調味醬。

1人份　130kcal、膳食纖維3.0g

新鮮的青椒生吃也OK，
利用橫切提引出甜味！

日式涼拌青椒絲

食材（2人份）

青椒…4個（140g）
調味醬 2
醬油韭菜醬…2大匙

作法

1. 青椒縱向切成一半，再橫切成0.5cm寬的絲狀。

2. 將青椒與調味醬放入塑膠袋，輕輕按壓混合均勻，靜置10分鐘使青椒醃漬入味。

1人份　26kcal、膳食纖維1.8g

彩椒

帶有甜味的彩椒，搭配調味醬或香料植物，可以讓味道更突出，變成如主食般的滋味。烤過後淋上醬油韭菜醬，也是絕配！

1人份　77kcal、膳食纖維2.3g

搭配帶有甜味的調味醬，
製作口感絕佳的西式料理！

彩椒羊栖菜

食材（2人份）
紅色彩椒…1個（200g）
乾燥羊栖菜…2g
調味醬 5
蜂蜜洋蔥醬…3大匙

作法
羊栖菜用溫水洗2-3次。彩椒先縱切成半，再橫向切成0.5cm絲狀。

在耐熱碗中依序放入羊栖菜、彩椒和50ml的水，蓋上保鮮膜後用微波爐加熱2分鐘，再瀝掉水分，加入調味醬攪拌均勻。

加入芹菜增添香氣，
提升彩椒的風味！

醃漬彩椒芹菜

食材（2人份）
紅色彩椒…1個（200g）
芹菜…½根（60g）
調味醬 3
美味鹽蔥醬…3大匙

作法
彩椒縱切成半，再橫向切成0.5cm絲狀。芹菜斜切成薄片。

把　和調味醬放入塑膠袋，輕輕按壓混合均勻，靜置10分鐘醃漬入味。

1人份　71kcal、膳食纖維2.3g

拌入濃郁的芝麻味噌醬和鰹魚片，
變成美味的涼拌小菜！

芝麻味噌苦瓜

食材（2人份）

苦瓜…½條（150g）
鹽…¼小匙
調味醬 **1**
芝麻味噌醬…2大匙
鰹魚片…2g

作法

1　苦瓜縱切成半，再切成0.5cm的薄片，撒上鹽並搓揉。

2　待稍微軟化，擠出多餘水分後放入碗中，加入鰹魚片和調味醬混合均勻。

苦瓜

帶有苦味的苦瓜，搭配鰹魚片或干貝等富有鮮味的乾貨，吃起來會更加順口。用鹽巴搓揉、去除苦澀味後，生吃也很美味。

1人份 74kcal、膳食纖維2.8g

與干貝一起用微波爐加熱，
讓苦瓜充分吸收鮮味！

鮮味醬油干貝苦瓜

食材（2人份）

苦瓜…½條（150g）
乾燥干貝柱…2個（6g）
料理酒…1大匙
鹽…¼小匙
調味醬 **2**
醬油韭菜醬…1大匙

作法

1　在耐熱碗中放入貝柱、料理酒後，蓋上保鮮膜，用微波爐加熱1分鐘。稍微放涼後撕成細絲。

2　苦瓜縱切成半，再切成0.7cm薄片，撒上鹽並搓揉。稍微軟化後擠出多餘水分，加入1攪拌均勻，再蓋上保鮮膜，用微波爐加熱1分30秒，最後加入調味醬混合。

1人份 34kcal、膳食纖維2.0g

高麗菜

不論是生食或熟食都很美味！涼拌高麗菜只需用調味醬即可完成，而微波加熱的高麗菜，只需再加入一樣食材就能改變風味。

加入香脆的櫻花蝦，
增添海鮮的風味！

櫻花蝦高麗菜

食材（2人份）
高麗菜…¼顆（300g）
櫻花蝦…3g
調味醬 **3**
美味鹽蔥醬…3大匙

3

作法
將高麗菜洗淨後撕成適當大小，菜心部分則切小塊。

在耐熱碗中，依序放入櫻花蝦和高麗菜，蓋上保鮮膜後，用微波爐加熱3分鐘，再加入調味醬混合均勻。

1人份　75kcal、膳食纖維2.9g

將加熱軟化的高麗菜葉，
包入鹹香的火腿後捲起來，
再淋上帶有奶香味的熱沾醬！

奶油火腿
高麗菜捲

食材（2人份）
高麗菜…4片（240g）
火腿…4片
調味醬 ④
香蒜鯷魚熱沾醬…2大匙

作法

1 高麗菜葉縱切成半，菜心部分切絲，
一起放入耐熱盤中，蓋上保鮮膜後用
微波爐加熱2分鐘，再稍微放涼。

2 把2片高麗菜葉重疊，放上1片火腿和
適量菜心，然後捲起來。橫向切半並
擺入盤中，淋上調味醬。

1人份　130kcal、膳食纖維2.5g

即使是基本款料理，
只要有調味醬就能有豐富味道！

涼拌高麗菜

食材（2人份）
高麗菜…¼顆（300g）
鹽…⅓小匙
調味醬 ⑤
蜂蜜洋蔥醬…3大匙

作法

1 高麗菜切絲，放入碗中，並撒上鹽混合均
勻。待稍微軟化後，擠出多餘水分。

2 加入調味醬並充分攪拌。

1人份　78kcal、膳食纖維2.9g

櫛瓜

切法會改變櫛瓜的口感,像是切薄片做成醃漬風味,或是切條狀下鍋煎,做成甜中帶酸的熟食,都能享受多樣化的風味。

1人份 111kcal、膳食纖維2.5g

多汁的香煎櫛瓜與
清爽的酸味奇異果最搭配!

奇異果煎櫛瓜

食材(2人份)
櫛瓜…1根(150g)
奇異果…1個(100g)
橄欖油…½大匙
調味醬 5
蜂蜜洋蔥醬…3大匙

作法

1 奇異果縱向切成8等分。櫛瓜橫切成3等分後,再縱向切成4等分,並均勻地塗上橄欖油。

2 用中火加熱平底鍋,把櫛瓜煎至上色後取出。待稍微冷卻後,加入調味醬和奇異果一起混合均勻。

利用鹽巴殺青,保持清脆口感,
單加一種調味醬就能做成韓式拌菜!

韓式涼拌櫛瓜

食材(2人份)
櫛瓜…1根(150g)
鹽…¼小匙
調味醬 3
美味鹽蔥醬…2大匙

作法

1 使用刨刀器把櫛瓜切成薄片,再撒上鹽靜置一下後,擠出多餘水分。

2 在碗中將櫛瓜和調味醬混合均勻。

1人份 38kcal、膳食纖維1.2g

蕪菁

富含水分且少有澀味的蕪菁，煎烤過後會增加甜味，與水果也很搭配。蕪菁的葉片可以留下，鮮艷的色澤適合作為點綴。

用芝麻油把蕪菁煎香，
淋上調味醬即可享用！

醬泡煎蕪菁

食材（2人份）
蕪菁…2個（300g）
調味醬 **2**
醬油韭菜醬…2大匙
芝麻油…½大匙

作法

1 蕪菁留下3cm的莖，連皮一起縱向切成6等分，葉片則切成5cm寬。

2 在平底鍋中倒入芝麻油，用中火把蕪菁煎至兩面上色，再加入葉片，蓋上鍋蓋煮2分鐘。最後盛到容器中，淋上調味醬。

1人份　65kcal、膳食纖維2.4g

使用蜂蜜洋蔥醬，
讓蕪菁和水果完美搭配！

醋漬柚子蕪菁

食材（2人份）
蕪菁…2個（300g）
柚子…1個
鹽…¼小匙
調味醬 **5**
蜂蜜洋蔥醬…2大匙

作法

1 柚子剝去外皮和白色內膜。蕪菁連皮一起切成薄片，葉片則切成1cm寬，撒上鹽後攪拌至稍微軟化，再瀝乾水分。

2 將1與調味醬放入碗中，攪拌均勻。

1人份　98kcal、膳食纖維3.0g

白菜

厚實的白菜不僅可以拿來煮火鍋，也非常推薦製成涼拌菜。用微波爐加熱後的白菜，搭配特製調味醬都十分適合。

1人份 116kcal、膳食纖維3.3g

把白菜大塊地切半後，
只要微波5分鐘就是一道美味料理！

芝麻味噌白菜

食材（2人份）

白菜…⅛個（300g）
料理酒…1大匙
調味醬 **1**
芝麻味噌醬…3大匙

作法

切除白菜根部後，橫切成一半並放在耐熱盤上。均勻地淋上料理酒，蓋上保鮮膜用微波爐加熱5分鐘，再靜置3分鐘。

把白菜瀝乾多餘水分後，放入容器中，再淋上調味醬。

白菜用鹽巴搓揉後更加清脆，
尤其鷹嘴豆的口感是重點！

涼拌鷹嘴豆白菜

食材（2人份）

白菜…⅛個（300g）
鷹嘴豆罐頭…50g
鹽…½小匙
調味醬 **5**
蜂蜜洋蔥醬…3大匙

作法

將白菜橫切成0.7cm寬，放入碗中並撒上鹽，待稍微軟化後瀝乾多餘水分。

在碗中加入白菜、鷹嘴豆和調味醬，一起攪拌均勻。

1人分 104kcal、膳食纖維5.0g

牛蒡

具有獨特香氣的牛蒡，只要簡單烹調、保留原味就很好吃，也可搭配調味醬做變化。以下兩道菜都相當適合作為便當配菜。

使用特製調味醬，
做菜也能變得很簡單！

日式炒牛蒡絲

食材（2人份）

牛蒡…½根（150g）
調味醬 **2**
醬油韭菜醬…2又½大匙
切碎紅辣椒…½小匙
芝麻油…½大匙

作法

1 牛蒡縱切成半後，斜切成薄片，放入水中浸泡後瀝乾。

2 平底鍋中放入芝麻油、紅辣椒加熱後，放入牛蒡用中火翻炒，待稍微變軟後，加入調味醬拌勻即可。

1人份 84kcal、膳食纖維4.5g

加入各式堅果，
很神奇地就變成西式口感！

芝麻味噌
堅果牛蒡

食材（2人份）

牛蒡…½根（150g）
綜合堅果…50g
調味醬 **1**
芝麻味噌醬…2大匙

作法

1 將牛蒡切成4cm長，放入水中浸泡後瀝乾。放入耐熱碗中，蓋上保鮮膜，放入微波爐加熱5分鐘，再靜置至稍微放涼。

2 將牛蒡撕成適當大小，瀝乾多餘水分後放入碗中，加入敲碎的堅果和調味醬，一起混合均勻。

1人份 254kcal、膳食纖維7.5g

胡蘿蔔

胡蘿蔔記得不要過度加熱，可以短時間微波或切絲生食，用不同調理方式享受不一樣的口感。

搭配柳橙和調味醬，
製作超人氣小菜！

涼拌橙味胡蘿蔔絲

食材（2人份）
胡蘿蔔⋯1根（150g）
柳橙⋯1顆
鹽⋯¼小匙
調味醬 **5**
蜂蜜洋蔥醬⋯2大匙

作法

1. 把胡蘿蔔切成絲，撒上鹽，待稍微軟化後把水分確實擠出。柳橙剝去外皮和白色內膜。

2. 在碗中放入、調味醬混合均勻（可依喜好另加入肉桂粉）。

鹽蔥醬與胡蘿蔔的甜味結合，
成為一道美味的配菜！

鹽蔥胡蘿蔔

食材（2人份）
胡蘿蔔⋯1根（150g）
調味醬 **3**
美味鹽蔥醬⋯2又½大匙

作法

1. 把胡蘿蔔切成薄片。

2. 在耐熱碗中放入胡蘿蔔和½大匙的調味醬，混合均勻，不需蓋上保鮮膜，直接放入微波爐加熱3分鐘。最後加入剩餘的調味醬攪拌均勻。

使用微波爐煮熟，
交錯放置加熱是訣竅！

芝麻味噌小松菜

食材（2人份）
小松菜…1把（200g）
調味醬 ❶
芝麻味噌醬…2大匙

作法

1. 展開保鮮膜，將小松菜分為兩份，交錯放置並包起來，用微波爐加熱2分30秒，再靜置1分鐘。待放涼後，將莖部切為4cm長，葉片切為1.5cm寬，並將多餘水分擠出。

2. 將小松菜和調味醬放入碗中，一起充分攪拌均勻。

無澀味的小松菜，不論與哪種調味醬都很搭配。使用微波爐煮熟或用油炒熟後，再配上喜歡的調味醬即可享用。

1人份 72kcal、膳食纖維2.8g

1人份 55kcal、膳食纖維2.0g

加入調味醬和櫻花蝦的炒菜，
簡單又好吃！

櫻花蝦小松菜

食材（2人份）
小松菜…1把（200g）
櫻花蝦…3g
調味醬 ❷
醬油韭菜醬…2大匙
芝麻油…½大匙

作法

1. 小松菜莖部切為5cm長，葉片部分則切為1.5cm寬。

2. 在平底鍋中放入芝麻油和櫻花蝦，用中火翻炒，炒至有香味後加入小松菜，轉為較強的中火迅速翻炒，最後再加入調味醬均勻拌炒。

白蘿蔔

富含水分的白蘿蔔,生吃時能享受清脆口感,加熱後則變得多汁。使用微波爐加熱後,靜置5分鐘是關鍵!

拌入醬油韭菜醬可以更入味!

涼拌醬油白蘿蔔

食材(2人份)

白蘿蔔…¼根(300g)
鹽…⅓小匙
調味醬 **3**
醬油韭菜醬…2又½大匙

作法

把白蘿蔔切成極薄片,撒上鹽,待稍微軟化後擠出多餘水分。

在碗中放入處理過後的白蘿蔔與調味醬,攪拌均勻。

1人份 36kcal、膳食纖維2.1g

使用香蒜鯷魚熱沾醬做成西式風味!

西式涼拌白蘿蔔

食材(2人份)

白蘿蔔…¼根(300g)
切碎昆布…3g
料理酒…1大匙
調味醬 **4**
香蒜鯷魚熱沾醬…3大匙

作法

白蘿蔔削皮後,切成適當厚度,兩面各劃上十字。

把白蘿蔔放入耐熱盤,撒上切碎昆布,均勻撒上料理酒。蓋上保鮮膜,放入微波爐加熱5分鐘,再靜置5分鐘。擠出多餘水分後,擺入容器中,淋上調味醬。

1人份 126kcal、膳食纖維3.0g

濃稠的香蒜鰻魚熱沾醬，
可以直接作為沾醬使用！

綠花椰菜
佐熱沾醬

食材（2人份）

綠花椰菜… ½顆（200g）
鹽… ¼小匙
粗磨黑胡椒…少許
調味醬 ④
香蒜鰻魚熱沾醬…3大匙

作法

1 將綠花椰菜切成小朵，如果太大朵則可以
縱切成半。莖部削去外圍的硬纖維，再切
成0.7cm厚的片狀。

2 把綠花椰菜放入耐熱碗中，撒上鹽，蓋上
保鮮膜，用微波爐加熱3分鐘。瀝乾水分
後，撒上黑胡椒，沾調味醬食用。

綠花椰菜

綠花椰菜使用微波爐加熱，能保持清脆口
感。莖部也很美味，所以不要浪費可以充
分利用。

1人份 131kcal、膳食纖維5.5g

用微波爐加熱，
使魩仔魚乾風味確實融入！

醬油魩仔魚
綠花椰菜

食材（2人份）

綠花椰菜 … ½顆（200g）
魩仔魚乾…8g
調味醬 ②
醬油韭菜醬…2大匙

作法

1 將綠花椰菜切成小朵，如果太大朵則可以
縱切成半。莖部削去外圍的硬纖維，再切
成1cm厚的片狀。

2 在耐熱碗中，依序放入魩仔魚乾和綠花椰
菜，蓋上保鮮膜，用微波爐加熱3分鐘
後，加入調味醬一起混合均勻。

1人份 56kcal、膳食纖維5.2g

南瓜

根據加熱方法而有不同的口感和風味。把調味醬巧妙地做搭配，可以有多種的變化！

1人份 147kcal、膳食纖維3.6g

撒上鰹魚片增加鮮味，
也更加提引出南瓜甜味！

醬油煎南瓜

食材（2人份）
南瓜…⅛個（200g）
鰹魚片…3g
調味醬 2
醬油韭菜醬…2大匙
沙拉油…1大匙

作法

1 南瓜橫向切成一半，再縱向切成0.7cm厚的片狀。

2 將沙拉油倒入平底鍋，用中火把南瓜煎至兩面呈現金黃色時，撒上鰹魚片。最後放入容器中，再淋上調味醬。

加入酸甜的蘋果和葡萄乾，
意外地口感非常清爽！

西式南瓜蘋果

食材（2人份）
南瓜…⅛個（200g）
蘋果…¼個
葡萄乾…30g
調味醬 4
香蒜鯷魚熱沾醬…3大匙

作法

1 南瓜去皮，切成1.5cm塊狀。蘋果縱向切半，再橫切成0.5cm薄片，放入鹽水浸泡，然後瀝乾水分。

2 把南瓜放入耐熱碗中，蓋上保鮮膜，用微波爐加熱5分鐘後，靜置3分鐘。最後加入葡萄乾、蘋果和調味醬，混合均勻。

1人份 234kcal、膳食纖維4.9g

把調味醬拌入馬鈴薯並加熱，
作法簡單卻味道濃郁！

蜂蜜洋蔥馬鈴薯

食材（2人份）

馬鈴薯…2顆（300g）
調味醬 5
蜂蜜洋蔥醬…4大匙
乾燥羅勒…¼小匙

作法

1 馬鈴薯切成薄片，放入耐熱碗，加入1
大匙調味醬拌勻。蓋上保鮮膜，用微
波爐加熱5分鐘，再靜置3分鐘。

2 加入其餘調味醬和乾燥羅勒後，攪拌
均勻。

根據切法不同，口感會有所變化。使用整顆
馬鈴薯時，應充分加熱至鬆軟；切成薄片或
絲狀時，應加熱至保留一些口感。

1人份 151kcal、膳食纖維13.6g

1人份 145kcal、膳食纖維13.6g

與魩仔魚乾一起放入微波爐加熱，
增添更多鮮味！

韓式魩仔魚
馬鈴薯

食材（2人份）

馬鈴薯…2顆（300g）
魩仔魚乾…5g
調味醬 3
美味鹽蔥醬…4大匙

作法

1 馬鈴薯切成絲狀，清洗並瀝乾水分。

2 在耐熱碗中，依序放入魩仔魚乾和馬鈴
薯，蓋上保鮮膜，用微波爐加熱3分30
秒。加熱後，加入調味醬攪拌均勻。

番薯

番薯香氣濃郁又鬆軟，根據調味醬，可以享受日式、西式等多種風味，番薯也只需用微波爐就能輕鬆煮熟，非常簡單！

稍微削皮後用微波爐加熱，
就能享用令人驚艷的鬆軟口感！

堅果番薯沙拉

食材（2人份）

番薯…1根（300g）
綜合堅果…30g
葡萄乾…30g
調味醬 **5**
蜂蜜洋蔥醬…3大匙

作法

番薯以縱向削掉三處皮，快速沖洗後用保鮮膜包起來。放入微波爐加熱4分鐘，翻面後再加熱2分鐘，然後靜置5分鐘。

將番薯放入碗中，加入葡萄乾、碾碎的堅果和調味醬，一邊把番薯壓碎一邊攪拌均勻。

1人份　374kcal、膳食纖維5.4g

奶油加上醬油風味，
讓番薯美味倍增！

乾煎番薯佐醬油韭菜醬

食材（2人份）

番薯…1根（300g）
調味醬 **2**
醬油韭菜醬…2大匙
奶油…15g

作法

番薯切成1cm厚的片狀，浸泡水中後把水分擦乾。

在平底鍋中以中火加熱奶油，把番薯排列在鍋中，煎至焦黃色時，上下翻面，蓋上鍋蓋以小火續煎3分鐘。當竹籤能輕易插入時，把番薯盛到容器中，再淋上調味醬。

1人份　253kcal、膳食纖維3.4g

搭配沙丁魚罐頭，
簡單又有份量的料理！

沙丁魚拌綜合菇

食材（2人份）
香菇…1包（150g）
舞菇…1包（100g）
油浸沙丁魚罐頭…1罐（100g）
水菜…⅓束（70g）
調味醬 5
蜂蜜洋蔥醬…4大匙
橄欖油…½大匙

作法

1 香菇切半。舞菇稍微撕成大片。將油浸沙丁魚的
油瀝乾。水菜切成5cm長後稍微清洗，擰乾水分
並放入冰箱冷藏15分鐘以上。

2 在平底鍋加入橄欖油，以中火把菇類煎至微焦
後，加入沙丁魚稍微煎煮，再拌入調味醬。關火
後，待稍微冷卻，再加入水菜拌勻。

將多種菇類混合可以增加美味度，無論搭
配哪種調味醬都十分適合，可以享受各式
各樣的風味組合。

1人份 302kcal、膳食纖維6.7g

1人份 79kcal、膳食纖維4.8g

調味醬拌入菇類後，
韭菜的存在感就不那麼強烈了！

醋漬綜合菇

食材（2人份）
鴻禧菇…2包（200g）
杏鮑菇…1包（100g）
調味醬 2
醬油韭菜醬…2大匙
芝麻油…½大匙

作法

1 鴻禧菇稍微撕成大片。杏鮑菇切半後，再縱向
切成4等分。

2 放入耐熱碗中，蓋上保鮮膜，用微波爐加熱5
分鐘，然後靜置1分鐘。最後加入調味醬和芝
麻油拌勻後，靜置15分鐘以上。

簡單就能改變風味的配料

在調味醬中添加食材或調味料，
能帶來不同的口感和味道，也能增加品嘗料理時的樂趣！

改變口感

在醬油韭菜醬或美味鹽蔥醬中加入芝麻，會增加香味和風味。

花生、綜合堅果或鷹嘴豆等，可以增添香脆口感。

如葡萄乾這類帶有酸甜味的果乾，推薦搭配番薯或南瓜這類有甜味的食材。

改變風味

只需在調味醬中加入一種調味料，就能轉變味道，
享受到韓式、泰式、西式等多國料理風味。

辣油
只需撒上，即可享受到中式風格的辣味和香味。

韓式辣醬
加入就會變成韓式的甜辣風味。

美乃滋
能使調味醬的風味變得更加柔和，並增加濃郁度。

奶油
使用奶油煎烤食材，就能增強美味度。

泰式魚露
獨特風味能把料理轉變為異國風味！

PART 2

加入蛋白質的
高營養料理

將肉、魚、豆腐、蛋等豐富蛋白質食材，
與蔬菜一起烹調，不僅營養均衡，也能帶來滿足感。
以下將介紹只需活用5種萬用調味醬，
就能將兩類食材完美融合成一盤的美味食譜。

肉類

只要有雞肉、番茄和茄子就十分豐盛，
調味醬是重點！

茄子番茄燴雞

食材（2人份）

雞腿肉…1片
番茄…2個（200g）
茄子…2個（170g）
鹽…¼小匙
粗磨黑胡椒…少許
麵粉…1大匙
調味醬 ④
香蒜鯷魚熱沾醬…3大匙
橄欖油…1大匙

作法

1 將雞肉用廚房紙巾擦去水分，切成適口大小，撒上鹽、黑胡椒和麵粉一起搓揉均勻。番茄切成大塊。茄子切成1.5cm厚的圓片。

2 在平底鍋中倒入橄欖油，用中火煎煮茄子、雞肉（皮朝下），煎至金黃色後翻面、蓋上鍋蓋，轉至較弱的中火煎3分鐘。開蓋後加入番茄和調味醬，轉至大火拌勻，煮至收汁即可。

1人份 475kcal、膳食纖維 3.3g

2人份共計370g！

Point!

將番茄和調味醬加入後轉成大火，
邊滾煮邊將湯汁收乾。

若有調味醬，就能迅速製作完成。
用肉片包著蔬菜一起吃，清爽不膩口！

涮豬肉沙拉

食材（2人份）

豬里肌肉片…200g
白蘿蔔…⅙根（200g）
水菜…½束（100g）
胡蘿蔔…⅓根（50g）
調味醬①
芝麻味噌醬…3大匙

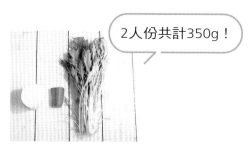

2人份共計350g！

作法

1 白蘿蔔、胡蘿蔔切成細絲，水菜則切成適中長度。全部放入水中浸泡後，徹底瀝乾水分，放入冰箱冷藏15分鐘以上，取出放入容器。

2 在鍋中把水煮開後轉小火，豬里肌肉片放入煮熟，再泡水冷卻並瀝乾水分。最後把肉片放至1的蔬菜上，再淋上調味醬。

1人份 370kcal、膳食纖維4.7g

1人份 273kcal、膳食纖維5.2g

香氣十足且有焦糖色澤的一道料理，
即使冷掉也很美味，推薦當作便當菜！

小香腸炒花椰菜甜豆

食材（2人份）

白花椰菜…½個（250g）
甜豆…10根（100g）
小香腸…1包（約4~5根）
調味醬 ❸
美味鹽蔥醬…4大匙
奶油…10g

作法

1　將白花椰菜分成小朵，若仍太大朵則再縱
切成半。甜豆剝除側邊纖維。小香腸斜切
成半。

2　在平底鍋中加入奶油和小香腸，用中火翻
炒。炒至香腸出油時，加入白花椰菜和甜
豆，蓋上鍋蓋並偶爾拌炒大約2分鐘，再
加入調味醬，持續以較強的中火翻炒至湯
汁收乾。

2人份共計350g！

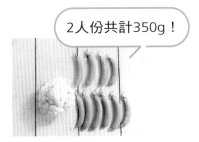

1人份 249kcal、膳食纖維5.3g

切得大塊的蓮藕口感十足，
與調味醬中的蔥完美結合！

蔥味涼拌雞柳蓮藕

食材（2人份）

雞柳⋯3～4條（200g）
蓮藕⋯1段（200g）
大蔥⋯1根（120g）
水菜⋯½束（100g）
鹽⋯¼小匙
調味醬 **3**
美味鹽蔥醬⋯4大匙

2人份共計420g！

作法

1 雞柳去筋並撒上鹽。蓮藕切成0.7cm厚的半月狀，泡水後瀝乾。蔥切成3cm長。

2 水菜切成5cm後泡水，瀝乾水分後，放入冰箱冷藏15分鐘以上再盛盤。

3 將蓮藕、雞柳和蔥依序放入耐熱盤，蓋上保鮮膜並用微波爐加熱5分鐘，再靜置2分鐘。待稍微冷卻後，把雞柳撕成適當大小，整個瀝乾水分後加入調味醬混合，再放至2的盤子中。

加入牛蒡的香氣後，帶有些許日式風味，
這是能夠讓胃口大大滿足的主菜料理！

德式炒培根馬鈴薯

食材（2人份）

馬鈴薯…2顆（300g）
牛蒡…½根（150g）
煙燻培根塊…120g
溫泉蛋…1顆
調味醬④
香蒜鰻魚熱沾醬…3大匙
橄欖油…1大匙

2人份共計450g！

作法

1 牛蒡、馬鈴薯切成1.5cm塊狀，浸泡水中後瀝乾。培根切成1cm小塊。

2 平底鍋中加入橄欖油和培根，用中火翻炒至培根出油時，加入牛蒡和馬鈴薯翻炒，蓋上鍋蓋並偶爾拌炒約3-5分鐘。

3 當馬鈴薯煮到可以被竹籤戳入的軟硬度時，加入調味醬並轉成較大的中火翻炒，使整體攪拌均勻後盛入容器。上方放入溫泉蛋，依個人喜好撒上粗磨黑胡椒。

1人份 555kcal・膳食纖維18.1g

蜂蜜洋蔥醬與葡萄柚帶來清爽感，
與雞肉和春季蔬菜十分搭配！

葡萄柚雞肉拌蔬食

1人份 293kcal、膳食纖維9.1g

食材（2人份）

雞絞肉…150g
油菜…1束（150g）
綠花椰菜…½個（200g）
葡萄柚…1個
調味醬 ⑤
蜂蜜洋蔥醬…4大匙

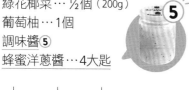

2人份共計
350g！

作法

1　將油菜根部切掉0.5cm長，再對切成半。
　　綠花椰菜分成小朵，若太大朵則縱向切
　　半。葡萄柚剝去外皮和白色內膜。

2　在雞絞肉中，加入1.5大匙的調味醬並攪拌
　　均勻。

3　在耐熱盤中放入綠花椰菜、油菜，再隨意
　　放入雞絞肉。蓋上保鮮膜後，用微波爐加
　　熱4分鐘，再靜置1分鐘。最後加入剩餘調
　　味醬和葡萄柚，攪拌均勻。

香蒜鯷魚熱沾醬與乾燥羅勒創造出泰式風味，
作為主菜是很有份量的料理！

泰式打拋風味彩椒雞肉

雞胸肉水分吸乾，切成適口
洋蔥切成較大的塊狀。

口入橄欖油，用中火煎雞胸
色時，依序加入洋蔥、彩
乾燥羅勒，以較強的中火翻
收乾。

cal、膳食纖維3.7g

在調味醬中加一味，
讓味道更加豐富！

＋韓式辣醬
變成韓式風味

1人份 458kcal、膳食纖維4.7g

在醬油韭菜醬中加入茼蒿的莖，讓風味層次再升級。
酥脆的豬肉香氣撲鼻，搭配炸芋頭，讓人忍不住一口接一口！

韓式豬肉炸芋頭

食材（2人份）

豬五花肉片…150g
芋頭…3～4個（250g）
山茼蒿…½束（100g）
太白粉…2大匙
鹽…¼小匙
胡椒…少許
A │ 調味醬 2
　│ 醬油韭菜醬…3大匙
　│ 韓式辣醬…1小匙
炸油…適量

2人份共計
350g！

作法

1 芋頭切0.7cm厚片，撒上1大匙太白粉。豬肉撒上鹽和胡椒，再撒上1大匙太白粉。山茼蒿葉片撕下浸泡水中，將水分瀝乾後放入冰箱冷藏。

2 山茼蒿的莖切成小段，放入碗中並加入A混合均勻。

3 在平底鍋中放入1cm高的炸油，加熱至170度，把芋頭每一面炸1分30秒後起鍋，接著把豬肉片油炸至香脆後起鍋。依序在盤子上放入山茼蒿葉片、芋頭、豬肉片，最後再淋上2即可。

＋辣油
變成中式風味

1人份　406kcal、膳食纖維4.4g

中式料理的熱門菜單利用醬油韭菜醬就能快速製作，
並利用「辣油」調整味道，做出相似度極高的菜色！

小黃瓜涼拌口水雞

食材（2人份）

雞胸肉…1片（300g）
小黃瓜…2根（240g）
芹菜…1根（120g）
鹽…¼小匙
料理酒…1大匙

A ｜ 調味醬②
｜ 醬油韭菜醬…2大匙
｜ 辣油…2大匙
碎花生…30g

2人份共計
360g！

作法

1. 小黃瓜橫切成4等分，再縱切成半。芹菜切成0.5cm厚的斜切片。

2. 用廚房紙巾吸去雞肉多餘水分，撒上鹽後放在耐熱盤，放上適量芹菜葉，撒上料理酒。蓋上保鮮膜後，用微波爐加熱3分鐘，翻面再加熱1分鐘，靜置至冷卻。

3. 在碗中加入 2 的雞胸肉蒸湯1大匙和A調味醬，混合均勻。

4. 在容器內鋪上小黃瓜和芹菜，再將雞肉切成0.7cm厚的片狀並放入，最後淋上 3 、撒上碎花生，可依個人喜好加入香菜。

海鮮

鮭魚的鮮味成為亮點，
濃郁的奶油香與番薯甜味讓人回味無窮！

奶油香煎鮭魚番薯

食材（2人份）

鮭魚…2片（240g）
番薯…1條（300g）
芹菜…1根（120g）
鹽、粗磨黑胡椒…少許
麵粉…½大匙
調味醬 ④
香蒜鯷魚熱沾醬…3大匙
奶油…10g

作法

1 番薯連皮切成1cm厚的片狀，浸泡於水中後，用廚房紙巾擦去水分。芹菜斜切成薄片。鮭魚用廚房紙巾確實擦乾水分，切成3等分，撒上鹽和黑胡椒後，抹上麵粉。

2 在平底鍋放入奶油，以中火煎鮭魚和番薯至表面微焦後翻面。放上芹菜，蓋上鍋蓋，用小火燜煎3分鐘，攪拌後盛裝至盤子，最後淋上調味醬。

2人份共計420g！

Point!

將芹菜平鋪在鮭魚和番薯上面燜煎，這樣就可以避免燒焦，香味也能夠均勻滲透至其他食材。

1人份 321kcal、膳食纖維3.0g

切得大塊的山藥，烤過後口感鬆軟！
味醂漬鯖魚則為料理增添了鹹甜風味。

烤山藥漬鯖魚

食材（2人份）

山藥…200g
大蔥…1根（120g）
味醂漬鯖魚…1尾（200g）
調味醬 ③
美味鹽蔥醬…4大匙

③

包括調味醬中的蔥，
2人份共計超過350g！

作法

1 山藥切成寬1.5cm、長5cm的塊狀。蔥切成4cm長。

2 將鯖魚和1放入爐連烤箱，以小火烤6-7分鐘，取出稍微放涼（也可以使用一般烤箱，烤至上色、食材熟透即可）。

3 去除鯖魚的骨頭和外皮，分成小塊狀並放入碗中，再加入山藥、蔥和調味醬拌勻。

*此處使用的是日本常見的「味醂鯖魚一夜干」，台灣較少販售，可使用水煮鯖魚罐頭、照燒鯖魚，或購買鯖魚一夜干，以味醂、醬油、清酒醃漬入味即可。

將食材拌入偏甜的醬料增加風味，
充滿花枝和蔬菜的夏季活力料理！

涼拌番茄櫛瓜花枝

食材（2人份）

花枝…1杯（150g）
櫛瓜…1根（150g）
小番茄…15顆（225g）
鹽…¼小匙
調味醬⑤
蜂蜜洋蔥醬…4大匙

2人份共計375g！

作法

1 櫛瓜切成薄片，撒上鹽，待變軟後，將多餘水分完全擠出。小番茄橫切成半。

2 花枝去除內臟和軟骨，身體部分切成1cm寬，腳部刮去吸盤並切成4等分。在鍋中煮沸水，快速汆燙花枝，瀝乾水分後放入碗中。最後加入調味醬和1攪拌均勻。

1人份 165kcal、膳食纖維2.8g

1人份 181kcal、膳食纖維5.1g

活用秋刀魚罐頭製作料理，
不論是熱食或冷食都非常美味！

蒲燒秋刀魚蘿蔔

食材（2人份）

秋刀魚蒲燒罐頭…1罐（100g）
白蘿蔔…¼根（300g）
香菇…1包（150g）
調味醬②
醬油韭菜醬…3大匙
芝麻油…1小匙

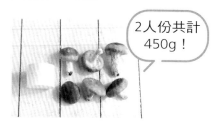

2人份共計
450g！

作法

1 白蘿蔔切成1cm厚的半月形切片，放在耐熱盤後蓋上保鮮膜，用微波爐加熱5分鐘，再靜置1分鐘。香菇切半。

2 在平底鍋倒入芝麻油，放入大塊秋刀魚，一邊稍微撥散一邊煎至香脆。加入1和罐頭湯汁，蓋上鍋蓋，中途翻面煎煮約3分鐘後盛盤，最後淋上調味醬。

在調味醬中加一味，
讓味道更加豐富！

+ 韓式辣醬
變成韓式風味

以芝麻味噌醬與韓式辣醬調合成的醬料，
與南瓜的甜味相合，也讓整體味道變得更濃厚！

韓式南瓜旗魚

食材（2人份）

旗魚⋯2 塊（240g）
南瓜⋯⅛顆（200g）
洋蔥⋯1顆（200g）
麵粉⋯½大匙
A │ 調味醬①
　　芝麻味噌醬⋯2大匙
　　韓式辣醬⋯1大匙
芝麻油⋯1大匙

2人份共計400g！

作法

1 南瓜切成0.7cm厚的切片。洋蔥切成
1.5cm寬的片狀。用廚房紙巾把旗魚
水分擦乾，切成3等分後抹上麵粉。
預先把A混合均勻。

2 在平底鍋倒入芝麻油，用中火把旗
魚和南瓜煎至金黃色，待翻面後加
入洋蔥，蓋上鍋蓋，不時翻炒約3分
鐘，最後加入A均勻拌炒。

1人份 420kcal、膳食纖維5.9g

在調味醬中加一味，
讓味道更加豐富！

＋辣油
變成中式風味

1人份 292kcal、膳食纖維4.9g

利用調味醬和山茼蒿消除鯖魚腥味，
變身一道可口料理！

白菜茼蒿鯖魚涼拌菜

食材（2人份）

白菜…⅛顆（300g）
山茼蒿…½束（100g）
鯖魚水煮罐頭…190g
調味醬①
芝麻味噌醬…3大匙
辣油…適量

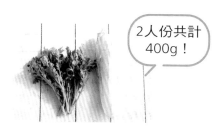

2人份共計
400g！

作法

1 白菜橫向切成0.5cm寬的絲狀。摘下山茼蒿葉片，與白菜一起泡水後徹底擠出水分，放入冰箱冷藏15分鐘以上再盛盤。

2 將山茼蒿的莖切成細段後放入碗中，加入已將湯汁瀝乾的鯖魚罐頭和調味醬攪拌均勻。最後倒在1的盤子上，再淋上辣油。

+ 美乃滋
變成西式風味

1人份 330kcal、膳食纖維11.1g

使用一整顆綠花椰菜製作，
這道菜也可以搭配法國麵包一起享用！

西式綠花椰蝦仁

食材（2人份）

綠花椰菜…1顆（400g）
芹菜…½根（60g）
蝦仁…200g
太白粉…2大匙
A ｜ 調味醬④
　｜ 香蒜鯷魚熱沾醬…3大匙
　｜ 美乃滋…2大匙

作法

1 綠花椰菜分成小朵後，縱向切半。芹菜的莖斜切薄片，葉片則摘3-4片切碎。蝦仁抹上太白粉並揉搓後，用流水清洗，再把水分擦乾。

2 在耐熱盤上依序放入蝦仁、綠花椰菜和芹菜，蓋上保鮮膜，用微波爐加熱5分鐘。擠掉多餘水分後，盛裝至容器，並將已攪拌混勻的A拌入。

2人份共計
460g！

豆腐

升級版涼拌豆腐！
主角是讓味道加分的醬油韭菜醬。

涼拌蔬菜豆腐

食材（2人份）
板豆腐…1塊（350g）
豆芽菜…1包（200g）
豆苗…1包（120g）
茗荷…1個（20g）
調味醬 ②
醬油韭菜醬…4大匙

作法

1 板豆腐瀝乾水分。豆苗切除根部後，切成一半。茗荷縱切成半後，再縱向切成薄片。

2 將豆芽菜放入耐熱碗中，蓋上保鮮膜，用微波爐加熱3分鐘。加入豆苗充分混合，放涼後徹底擠乾水分，再加入茗荷和調味醬拌均。

3 將板豆腐放入容器中，再放上 2。

包括調味醬中的韭菜，
2人份共計超過350g！

Point!

將篩網放在盤子上，再放上豆腐，靜置15分鐘。在瀝乾水分的同時，可以先備料，這樣就可以節省時間！

在經典的油豆腐上，
放上大量蔬菜變身健康料理！

炒山芹菜綜合菇油豆腐

食材（2人份）

油豆腐…1片（200g）
鴻禧菇…1大包（200g）
杏鮑菇…2根（120g）
山芹菜…1束（50g）
調味醬③
美味鹽蔥醬…4大匙
芝麻油…½大匙

2人份共計
370g！

作法

1 鴻禧菇稍微撕成大片。杏鮑菇縱切成4等分後，再把長度切成4等分。山芹菜切除根部後，切成3cm長，並分開莖和葉。

2 油豆腐用爐連烤箱或烤箱烤至香脆，再切成12等分，擺入容器中。

3 平底鍋中加入芝麻油，用中強火翻炒菇類，待炒至微焦黃後，加入調味醬和山芹菜莖部，均勻翻炒。最後起鍋倒在2的上方，並以山芹菜葉片裝飾。

1人份 271kcal、膳食纖維6.6g

1人份 196g、膳食纖維8.4g

利用豆腐的水分泡軟木耳，
只需用微波爐加熱5分鐘即可享用！

豆腐泥涼拌菜

食材（2人份）

板豆腐…1塊（350g）
胡蘿蔔…½根（75g）
四季豆…8～10根（80g）
鴻禧菇…1大包（200g）
木耳…5g
調味醬②
醬油韭菜醬…3大匙

2人份共計
355g！

作法

1 胡蘿蔔切成薄片。四季豆斜切成5等分。
鴻禧菇撕開成小片。木耳用微溫的清水稍
微沖洗。

2 在耐熱盤鋪上廚房紙巾，放上木耳、胡蘿
蔔、四季豆和鴻禧菇，並將板豆腐弄碎鋪
在這些食材上，不需使用保鮮膜，直接用
微波爐加熱5分鐘。

3 移除廚房紙巾，放涼後瀝乾水分，倒入盤
子再加入調味醬攪拌均勻。

在調味醬中加一味，
讓味道更加豐富！

＋豆瓣醬
變成中式風味

1人份　249kcal、膳食纖維5.4g

以番茄鮮味＆豆瓣醬來製作，
吃起來令人驚艷的麻辣風味！

麻辣番茄豆腐

食材（2人份）

板豆腐…1塊（350g）

番茄…2個（200g）

小黃瓜…1條（120g）

蔥…5條（30g）

A｜調味醬①

　　芝麻味噌醬…3大匙

　　豆瓣醬…1小匙

2人份共計
350g！

作法

1 板豆腐瀝乾水分。番茄切成較大的塊狀。
　小黃瓜切半後，縱向切成薄片。

2 蔥切小段並放入碗中，加入A攪拌均勻。

3 板豆腐切成1.5cm塊狀後盛盤，上面放番
　茄、小黃瓜，再淋上2的調味醬。

加上櫻花蝦和魚露，提引蔬菜的甜味，
油豆腐也增加了料理的份量！

炒櫻花蝦蔬食油豆腐

食材（2人份）

油豆腐…1片（200g）
四季豆…12根（100g）
黃色彩椒…1個（200g）
洋蔥…½顆（100g）
櫻花蝦…3g
調味醬 ③
美味鹽蔥醬…2大匙
魚露…1大匙
沙拉油…1大匙

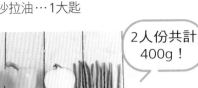

2人份共計
400g！

作法

1 油豆腐切成1.5cm塊狀。四季豆切半。彩椒切成1cm寬的條狀。洋蔥切成1cm寬的片狀。

2 在平底鍋中加入沙拉油和櫻花蝦，用中火炒香，再加入油豆腐。

3 當油豆腐每面都煎至金黃色時，加入洋蔥、四季豆和彩椒翻炒1分鐘，再加入調味醬和魚露繼續翻炒至均勻。

1人份 287kcal、膳食纖維4.1g

＋魚露
變成異國風味

蛋與蔬菜一起搭配，份量十足。
鬆軟的蛋加上甜醬汁，吃起來非常過癮！

蔬菜歐姆蛋

食材（2人份）

蛋… 4顆
高麗菜… ¼顆（300g）
洋蔥… ½顆（100g）
蘿蔔嬰… 1包（50g）
披薩用起司… 50g
調味醬 ⑤
蜂蜜洋蔥醬… 4大匙
橄欖油… 1大匙

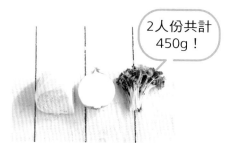

2人份共計
450g！

作法

1 高麗菜切絲，和已去除根部的蘿蔔嬰混合均勻。

2 在碗中將蛋打散，加入1.5大匙調味醬攪拌均勻。洋蔥切成極薄片後，加入蛋液中，並放入披薩用起司，一起混合攪拌。

3 在平底鍋加入橄欖油，再把2倒入加熱。當蛋呈現半固態的炒蛋狀態時，加入1並摺疊煎蛋。蓋上鍋蓋，用小火燜煎3分鐘，最後盛裝盤子並淋上剩餘調味醬。

Point!

把調味醬加入蛋液裡混合均勻，除了可以更入味，也能做出更鬆軟的蛋。

1人份　389kcal、膳食纖維4.2g

1人份　157kcal、膳食纖維3.7g

只需使用微波爐就能製作鬆軟炒蛋，
在蛋中加入美味鹽蔥醬，更加入味！

鹽蔥青菜蛋

食材（2人份）

蛋⋯2顆
小松菜⋯1束（200g）
大蔥⋯1根（120g）
調味醬③
美味鹽蔥醬⋯4大匙

作法

1 小松菜莖部切成5cm長，葉片切成1.5cm寬。蔥切成1cm斜段。

2 將蛋放入耐熱碗中打散，加入1大匙調味醬混合，不用蓋上保鮮膜，用微波爐加熱2分鐘，再稍微攪拌製作較大塊的炒蛋。

3 將1加入2中稍微攪拌，再蓋上保鮮膜加熱3分鐘，然後靜置1分鐘。最後加入剩餘調味醬攪拌均勻。

包括調味醬中的蔥，2人份共計超過350g！

運用香蒜鰻魚熱沾醬做出歐式風格，
這是最適合當作早餐的料理！

太陽蛋蘆筍

食材（2人份）

蛋…2顆
蘆筍…10根（300g）
綜合嫩葉沙拉…1包（50g）
鹽、粗磨黑胡椒…少許
調味醬④
香蒜鰻魚熱沾醬…3大匙
橄欖油…2大匙

2人份共計
350g！

作法

1 蘆筍根部切去0.5cm。綜合嫩葉沙拉洗淨
後，瀝乾水分並盛盤。

2 在平底鍋放入1大匙橄欖油，以中火煎蘆
筍至輕微著色，撒上鹽和黑胡椒，起鍋放
在綜合嫩葉沙拉上。

3 清洗平底鍋後，放入1大匙橄欖油，把雞
蛋煎至邊緣微酥，起鍋放在 2 上方，最後
淋上調味醬。

1人份 308kcal、膳食纖維3.8g

使用經典的芝麻味噌醬調味,
用大量的雞蛋補充了蛋白質!

甜豆雞蛋拌馬鈴薯

食材(2人份)

水煮蛋…3顆
馬鈴薯…2顆(300g)
甜豆…10條(100g)
洋蔥…¼顆(50g)
調味醬❶
　芝麻味噌醬…3大匙

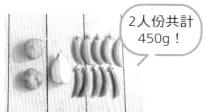

2人份共計
450g!

作法

1 馬鈴薯切成薄片。甜豆去除兩側纖維後,斜切成半。洋蔥切成極薄片。

2 把馬鈴薯放入碗中,蓋上保鮮膜,用微波爐加熱4分鐘。取出後稍微攪拌,再加入甜豆,蓋上保鮮膜,加熱2分鐘。

3 繼續加入洋蔥混合均勻,再放入切成大塊的水煮蛋和調味醬一起攪拌均勻。

1人份 315kcal、膳食纖維16.3g

在調味醬中加一味，
讓味道更加豐富！

＋番茄罐頭
變成西式風味

將雞蛋打入濃郁番茄醬汁的中東特色料理，
酸甜又新鮮的小番茄成為亮點！

沙卡蔬卡

食材（2人份）
雞蛋…2顆
小番茄…8顆（120g）
洋蔥…½顆（100g）
維也納香腸…1袋（4～5條）
番茄罐頭（整顆）…1罐（400g）
調味醬 ⑤
蜂蜜洋蔥醬…3大匙
鹽、胡椒…少許
橄欖油…1大匙
新鮮羅勒…20g

加入番茄罐頭後，
2人份共計
超過350g！

作法

1 洋蔥切薄片。小番茄蒂頭那側切1cm深的切口。維也納香腸斜切成半。

2 在平底鍋加入橄欖油和香腸，用中火煎至香腸出油後，加入洋蔥翻炒。

3 當洋蔥變軟時，加入番茄罐頭和調味醬煮至收汁，並用鹽和胡椒調味。接著打入雞蛋，再放上小番茄，當蛋白稍微凝固時關火，最後放上羅勒。

1人份 378kcal、膳食纖維4.8g

73

湯料理

湯品是非常推薦用來攝取大量營養的料理。

以下介紹的三道湯品，調味完全依賴調味醬，製作起來相當簡單！

1人份

215kcal

膳食纖維9.6g

蜂蜜洋蔥醬的甜味與蔬菜完美搭配，因為食材豐富，當作主菜也毫不遜色！

義大利雜菜番茄湯

食材（2人份）

番茄…1個（100g）

高麗菜…⅛顆（150g）

馬鈴薯…1顆（150g）

胡蘿蔔…½根（75g）

培根…2片

A｜水…500ml
　｜鹽…⅓小匙
　｜月桂葉…1片

調味醬⑤

蜂蜜洋蔥醬…3大匙

鹽、粗磨黑胡椒…少許

橄欖油…½大匙

作法

1 番茄切成較小的不規則塊狀。高麗菜切成1.5cm片狀。馬鈴薯和胡蘿蔔切成1cm塊狀。培根切成寬1cm條狀。

2 在鍋中加入橄欖油和培根，用中火翻炒，接著加入高麗菜、馬鈴薯和胡蘿蔔拌炒。

3 當所有食材都均勻沾上油後，加入A，用小火燉煮10分鐘。接著加入調味醬和番茄，再依個人喜好用鹽和黑胡椒調整口味。

撒上香草增添風味，蕪菁的甜味和濃郁的奶味也使人感到滿足！

蔬菜奶油濃湯

食材（2人份）

蕪菁…3個（450g）

芹菜…½根（60g）

蔥…½根（60g）

A 調味醬 ④

　 香蒜鯷魚熱沾醬…2大匙

　 月桂葉…1片

　 鹽…⅓小匙

牛奶…200ml

水…200ml

橄欖油…½大匙

香蒜鯷魚熱沾醬…適量

香草（如山蘿蔔葉、蒔蘿、豆芽等）…適量

作法

1 蕪菁連皮切成薄片。芹菜和蔥斜切成薄片。

2 在鍋中放入橄欖油，用中火拌炒芹菜和蔥，當變軟後加入蕪菁。當食材都均勻沾上油後，加入水和A，煮至蕪菁變軟再關火。

3 當稍微放涼後，取出月桂葉，放入果汁機攪拌至變得順滑。接著倒回鍋中，用中火加熱，放入牛奶加熱後盛裝至容器。最後淋上少許香蒜鯷魚熱沾醬，再放上香草。

1人份
202kcal
膳食纖維6.0g

以韓式豆漿冷麵為基礎，把麵條替換為豆芽，並加入大量蔬菜！

豆芽豆漿湯

食材（2人份）

豆芽菜…2包（400g）
小黃瓜…1根（120g）
蔥…3根（20g）
茗荷…1個（20g）
無糖豆漿…200ml
調味醬①
芝麻味噌醬…3大匙
白芝麻粉、辣油…適量

作法

1 將豆漿和調味醬充分攪拌混合後，放入冰箱冷藏備用。

2 將豆芽菜放入耐熱碗中，蓋上保鮮膜，用微波爐加熱5分鐘，放涼至室溫後，擠出多餘水分。小黃瓜切絲。蔥切成小段。茗荷縱切成半，再斜切成薄片。

3 在容器中放入豆芽，加入適量冰塊，再淋上1。接著放入小黃瓜、蔥、茗荷，撒上白芝麻粉，最後淋上辣油。

PART 3

一碗就搞定的
飽足感主食

想要更快速煮好一餐時，就以麵條或穀類為主，
再加入大量的蔬菜與蛋白質，完成豐盛飽足的一碗料理吧！
同樣只要準備萬用調味醬就能變換口味，絕對不怕吃膩。

義大利麵

紅與綠的彩虹元氣料理，富含維他命！
以義大利麵為主食，並用柳橙酸味作為亮點。

紅綠蔬菜火腿義大利麵

食材（2人份）

義大利短麵（如螺旋麵）…80g
胡蘿蔔…1根（150g）
紅色彩椒…1個（200g）
香芹…30g
柳橙…1個
生火腿…50g
調味醬 5
蜂蜜洋蔥醬…3大匙
鹽…適量

作法

1 胡蘿蔔切成薄片。紅色彩椒縱切成半，再橫切成薄片。香芹洗淨後切碎。柳橙剝去外皮和白色內膜。

2 在鍋中煮沸水，加入適量的鹽（鹽水比例約1%），再放入義大利短麵，按照包裝建議烹煮時間煮熟，接著加入胡蘿蔔稍微攪拌，瀝掉水分。

3 在碗中放入 2、紅色彩椒、香芹和調味醬攪拌均勻，最後加入柳橙和撕碎的生火腿，攪拌混合。

2人份共計380g！

1人份 323kcal、膳食纖維7.2g

Point!

在煮麵條時就加入胡蘿蔔，能縮短烹煮時間。因為是切成薄片，所以快速汆燙一下即可。

想要有奶油的濃郁口感，使用調味醬就能簡單做到！
放入生的白花椰菜，利用餘熱燜熟，可以享受清脆口感。

煙燻鮭魚花椰菜奶油螺旋麵

食材（2人份）

義大利短麵（如螺旋麵）
…80g
白花椰菜…½顆（250g）
芹菜…1根（120g）
鹽…⅓小匙
煙燻鮭魚…80g
調味醬④
香蒜鯷魚熱沾醬…3大匙
鹽…適量

2人份共計370g！

作法

1 白花椰菜分成小朵後，縱切成薄片。芹菜斜切成薄片。將兩者放入碗中，加鹽攪拌均勻，待稍微軟化後，把水分擠出。

2 在鍋中煮沸水，加入適量的鹽，再放入義大利短麵，並按照包裝建議烹煮時間煮熟。

3 麵條瀝乾後放入碗中，趁熱加入1攪拌均勻，最後加入撕碎的煙燻鮭魚和調味醬一起攪拌。

1人份 332kcal、膳食纖維7.1g

使用了蔬果、鮪魚罐頭和義大利麵等豐富食材，
只需拌入美味鹽蔥醬即可享用！

番茄芝麻葉冷麵

食材（2人份）
義大利天使細麵⋯80g
小番茄⋯20顆（300g）
洋蔥⋯½顆（100g）
芝麻葉⋯1束（70g）
鮪魚罐頭⋯1罐（60g）
調味醬 **3**
美味鹽蔥醬⋯4大匙
鹽⋯適量

2人份共計470g！

作法

1　小番茄橫切成半，洋蔥切成極薄片，兩者放入大一點的碗中，加入調味醬攪拌均勻。芝麻葉切成3cm長備用。

2　在鍋中煮沸水，加入適量的鹽，再放入義大利天使細麵，按照包裝建議烹煮時間煮熟。

3　麵條瀝乾後浸泡冰水冷卻，再確實瀝乾。把麵放入1的碗中，並加入鮪魚攪拌，最後加入芝麻葉稍微拌勻。

1人份　342kcal、膳食纖維6.2g

麵包

沾有培根香味的法國麵包，
與微甜的蜂蜜洋蔥醬最合拍！

煙燻培根麵包丁沙拉

食材（2人份）

法國麵包⋯¼條（80g）
紫洋蔥⋯½顆（100g）
綜合嫩葉沙拉⋯1包（50g）
綠花椰菜⋯½個（200g）
煙燻培根塊⋯120g
調味醬 **5**
蜂蜜洋蔥醬⋯4大匙
橄欖油⋯1大匙

2人份共計350g！

作法

1　紫洋蔥切成極薄片，與綜合嫩葉沙拉一起浸泡水中，瀝乾後放入冰箱冷藏至少15分鐘。

2　綠花椰菜分成小朵，若太大朵則縱切成半，莖部切掉外圍的硬纖維部分，然後切成0.5cm厚的片狀。培根切成1cm塊狀。法國麵包切成2cm塊狀。

3　在平底鍋加入橄欖油和培根，用中火炒至培根出油時，放入法國麵包，煎至金黃色後取出麵包。接著放入綠花椰菜，撒上1大匙調味醬，蓋上鍋蓋，用小火燜煎3分鐘後起鍋。

4　在容器中鋪上1後，放上3和麵包，最後淋上剩餘調味醬。

Point!

當培根油脂開始釋出時，加入法國麵包，可以吸收培根的香味，也能煎得香脆。

1人份 530kcal、膳食纖維7.9g

1人份 606kcal、膳食纖維11.1g

將色彩繽紛的蔬菜、大塊鮪魚層層疊在吐司上，營養又吸睛！
重點在於紫高麗菜和胡蘿蔔要分別與調味醬拌勻入味喔！

蔬菜酪梨鮪魚三明治

食材（2人份）

吐司…4片
紫高麗菜…⅙顆（150g）
胡蘿蔔…⅔條（100g）
生菜…2片（80g）
酪梨…1顆（120g）
鮪魚罐頭（塊狀）…1罐（140g）
鹽…½小匙
調味醬 ❸
美味鹽蔥醬…2大匙
奶油…適量

2人份共計 450g！

作法

1 紫高麗菜、胡蘿蔔切絲，各加¼小匙的鹽，待稍微軟化後瀝乾水分，再各加1大匙調味醬攪拌均勻。

2 預先在吐司塗上一層薄薄奶油，酪梨則縱切成5等分備用。

3 在吐司放上摺成4折的生菜，接著依序放上紫高麗菜、胡蘿蔔、酪梨和瀝掉油的鮪魚，再用吐司覆蓋。用保鮮膜緊緊包裹後靜置一會，待定型後，切成兩半。

1人份 378 kcal、膳食纖維9.3g

香蒜鯷魚熱沾醬讓南瓜更增添風味，
鷹嘴豆的口感特別，香草也使餘韻更加清新！

鷹嘴豆南瓜開放式三明治

食材（2人份）

法國麵包…¼條（80g）
南瓜…⅛個（200g）
鷹嘴豆（罐頭）…50g
洋蔥…½顆（100g）
調味醬 **4**
香蒜鯷魚熱沾醬…4大匙
|山蘿蔔、綠花椰菜芽、
|薄荷…合計50g

2人份共計350g！

作法

1 南瓜去皮切成1.5cm塊狀後，放入耐熱碗中，蓋上保鮮膜；用微波爐加熱5分鐘，再靜置2分鐘。

2 將南瓜（如出水先用廚房紙巾擦乾）放入碗中，加入切成薄片的洋蔥、鷹嘴豆和3大匙調味醬，稍微攪拌均勻。

3 法國麵包橫切成半，兩片表面各塗上½大匙調味醬，再用烤箱烤至金黃色。麵包取出後，依序堆疊2和 。

使用富含膳食纖維的糯麥，控制了碳水化合物的攝取量，並加入四種營養蔬菜，讓人開心享受無負擔。

蓮藕牛蒡拌糯麥

食材（2人份）

糯麥（已煮熟）…100g
牛蒡…⅓條（100g）
蓮藕…½根（100g）
胡蘿蔔…½根（75g）
山茼蒿…½束（100g）
魩仔魚乾…10g
調味醬❷
醬油韭菜醬…3大匙

作法

1 牛蒡和蓮藕切成0.7cm塊狀，浸泡水中後瀝乾。胡蘿蔔切成0.5cm塊狀。摘下山茼蒿的葉片切成1.5cm寬，莖則切成0.5cm長。

2 將魩仔魚乾、胡蘿蔔、牛蒡和蓮藕依序放入耐熱碗中，蓋上保鮮膜，微波3分鐘，再靜置2分鐘，接著加入山茼蒿的莖攪拌均勻。

3 放涼後，加入糯麥、山茼蒿葉片和調味醬一起攪拌均勻。

> 2人份共計375g！

> 想節省時間，可以直接使用已煮好的即食糯麥飯！

Point!

〈烹煮糯麥的方法〉
將糯麥快速沖洗後，浸泡在1.5倍的水中一晚。接著移至電鍋，按一般煮飯方式烹煮，煮好後輕輕地把糯麥攪拌弄鬆。趁熱時，把每80g的糯麥用保鮮膜分裝包裹，待冷卻後冷凍保存。

1人份 163kcal、膳食纖維8.5g

蔬果搭配火腿和起司，
只需與糙米混合即可享用，非常簡單！

起司火腿糙米沙拉

1人份 355kcal、膳食纖維4.1g

食材（2人份）
糙米（已煮熟）…100g
芹菜…1根（120g）
小黃瓜…1根（120g）
蕪菁…1個（150g）
番茄…1顆（100g）
火腿…4片
莫札瑞拉起司…1個
鹽…¼小匙
調味醬 5
蜂蜜洋蔥醬…4大匙

2人份共計490g！

作法

1 小黃瓜、芹菜和蕪菁切成1
cm塊狀，撒上鹽，待稍微軟
化後瀝乾水分。番茄隨意切
成小塊狀。火腿切半後，再
切成0.7cm寬度。莫札瑞拉起
司切成1cm塊狀。

2 在碗中放入1、糙米和調味
醬，一起攪拌均勻。

Point!

〈烹煮糙米的方法〉
將糙米快速沖洗後，浸泡在1.5倍的水中一晚。接著移至電鍋，按一
般煮飯方式烹煮，煮好後輕輕地把糙米攪拌弄鬆。趁熱時，把每
100g的糙米用保鮮膜分裝包裹，待冷卻後冷凍保存。

利用微波爐和餘熱烹調，讓番薯變得鬆軟，
再撒上口感綿軟的藜麥作為豐盛配料！

藜麥番薯沙拉

食材（2人份）

藜麥（已煮熟）…50g
番薯…1根（300g）
洋蔥…½顆（100g）
水菜…½束（100g）
碎核桃…30g
葡萄乾…30g
調味醬①
芝麻味噌醬…3大匙

2人份共計500g！

作法

1 番薯縱向削去4處的外皮，沖
　洗後用保鮮膜包裹，用微波
　爐加熱3分鐘，翻面後繼續加
　熱2分鐘，再靜置5分鐘。

2 將洋蔥切成極薄片，加入調
　味醬攪拌均勻。水菜切成5cm
　長，浸泡水中後瀝乾，放入
　冰箱冷藏15分鐘以上。

3 番薯分成適口的塊狀，放入
　碗中，再加入2、碎核桃和葡
　萄乾攪拌均勻，最後撒上藜
　麥。

1人份 501kcal、膳食纖維9.6g

「藜麥」富含維生素、
礦物質和蛋白質，相當
受到人們喜愛。

滑嫩、易入口的豆腐麵，淋上芝麻味噌醬就很對味。
配料蔬菜則可以用微波爐一次煮熟，非常方便！

蟹肉秋葵豆腐麵

食材（2人份）

豆腐麵… 2包
秋葵… 1袋（120g）
豆芽菜… 1袋（200g）
蔥… 5根（30g）
蟹肉棒… 1包（100g）
調味醬①
芝麻味噌醬…4大匙
辣油…適量

作法

1 在秋葵上用牙籤戳兩個小洞。蔥切成小段。

2 把秋葵和豆芽菜依序放入耐熱碗，蓋上保鮮膜，用微波爐加熱3分鐘。取出後，秋葵斜切成半，並輕輕擠出豆芽菜的水分。

3 把瀝乾水分的豆腐麵放在容器中，加入 2 和撕開的蟹肉棒，再淋上調味醬、撒上蔥，依個人喜好加入辣油。

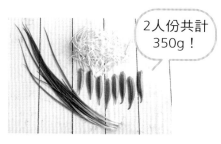

2人份共計
350g！

這是以大豆製成的低碳水化合物麵類，吃起來口感滑順、有嚼勁。

Point!

將豆芽菜放在秋葵上面進行微波加熱，豆芽菜的水分能讓秋葵熟得恰到好處。

將香蒜鯷魚熱沾醬充分拌入享用，
讓烏龍麵呈現西式風味！

義式火腿蔬菜冷烏龍麵

食材（2人份）
水煮烏龍麵…2人份
水菜…½束（100g）
紫洋蔥…½個（100g）
番茄…2顆（200g）
水煮蛋…2顆
火腿…4片
調味醬 ④
香蒜鯷魚熱沾醬…4大匙

2人份共計400g！

作法

1　水菜切成5cm長，紫洋蔥則切成極薄片。將兩者都浸泡水中，徹底瀝乾水分後，放入冰箱冷藏15分鐘。

2　番茄切成一口大小。水煮蛋切成兩半。火腿切成一半後，再切成絲。

3　烏龍麵快速氽燙後，放入冷水冷卻，瀝乾後盛裝於碗中，並拌入2大匙調味醬。最後將 1、2 擺入碗中，再淋上剩餘調味醬。

1人份
477kcal、膳食纖維6.5g

將沖繩家常菜透過調味醬轉變風味，
蔬菜的口感恰到好處，即使冷掉也很美味！

沖繩雜炒素麵

食材（2人份）

素麵…100g
苦瓜…½條（150g）
胡蘿蔔…約½條（90g）
大蔥…1根（120g）
豬五花肉片…150g
鹽、胡椒…少許
柴魚片… 3g
調味醬 2
醬油韭菜醬…3大匙
芝麻油…3小匙

2人份共計360g！

作法

1 苦瓜切成0.5cm厚。胡蘿蔔切成絲。蔥斜切薄片。豬肉切成4cm寬，並撒上鹽、胡椒稍微醃製。

2 在鍋中煮沸水，將素麵依包裝指示煮熟，瀝乾水分後，加入1小匙芝麻油混合。

3 在平底鍋加入2小匙芝麻油，用中火翻炒豬肉至油脂釋放時，放入苦瓜快炒。熄火後，趁熱加入胡蘿蔔、蔥、素麵、柴魚片和調味醬混合均勻。

1人份 561kcal、膳食纖維6.0g

保持蔬菜新鮮度的方法

不同的儲存方式會影響蔬菜的保鮮期，
一起記住各種蔬菜的保存方法吧！

在冷藏室的門上直立儲存

像蘆筍、小松菜、芹菜或香草等，
如果平放保存在冰箱，會逐漸變得
乾枯，所以建議直立冷藏。可以直
立在冰箱門，並用牛奶固定位置，
防止倒下。

洋蔥和馬鈴薯放在陰涼處

洋蔥、馬鈴薯、番薯等蔬菜，可以不用放
在冰箱冷藏，將它們放在家中涼爽且通風
的地方，避免陽光直射即可。

根莖類要避免光線以防發芽，可以使用
不織布製的袋子或紙袋來存放。

保持通風能使洋蔥不易腐壞，可以放入
網狀袋中並掛起來。

PART 4

隨時都能吃的
省時常備菜

每天做菜感覺很麻煩吧！
但如果能在空間時預先製作保存，
不僅可以更快速滿足一餐，
也能當作便當配菜，增添豐富度。
接下來介紹適合常備在冰箱的料理，
一樣搭配萬用調味醬就能做變化，
可以好好享受不易厭倦。

醬料中的洋蔥泥使味道均勻分佈在食材上，
變成酸甜的醃漬風味，清爽又開胃！

醃漬彩蔬鵪鶉蛋

食材（4人份）

芹菜…2根（240g）
小黃瓜…3根（360g）
小番茄…20顆（300g）
水煮鵪鶉蛋…12顆
鹽…½小匙
調味醬 **5**
蜂蜜洋蔥醬…4大匙

作法

1　如果芹菜的纖維較粗，可先稍微削除
　　外皮，再斜切成1cm小段。小黃瓜切
　　成4等分長段，再縱切成4等分。兩者
　　一起放入碗中，撒上鹽，靜置10分鐘
　　後擠出水分。小番茄從蒂頭那側切入
　　1cm切痕。

2　將1、鵪鶉蛋和調味醬放入塑膠袋中，
　　排出空氣後封口，放冰箱冷藏醃漬一
　　晚。

Point!

小番茄去除蒂頭後，切入1公分切
痕後進行醃漬，會更容易入味。

保存期間 冷藏3天

1人份 110kcal、膳食纖維6.2g

結合秋葵、埃及國王菜和山藥的黏滑三重奏，
再加上香料植物和櫻花蝦，非常適合作為配菜！

山藥秋葵涼拌菜

食材（4人份）

秋葵…2包（240g）
埃及國王菜…1束（100g）
山藥…400g
蔥…10根（60g）
茗荷…2個（40g）
櫻花蝦…8g
調味醬 2
醬油韭菜醬…4大匙

作法

1 在秋葵上用牙籤戳兩個小孔。埃及國王菜
去除莖部較硬的部分。兩者依序放入耐熱
碗，蓋上保鮮膜，用微波爐加熱3分鐘。
放涼後，秋葵切成1cm斜片，埃及國王菜
稍微切碎。

2 山藥切成4等分，再用擀麵棍敲成適口大
小。蔥切成斜片。茗荷縱向切開後，再斜
切薄片。

3 在碗中加入1、2、櫻花蝦和調味醬，一起
攪拌均勻。

1人份 129kcal、膳食纖維4.5g

清爽的葡萄柚和蜂蜜洋蔥醬非常搭配，
建議將白花椰菜煮到仍保留清脆口感！

柚香涼拌鮮蝦花椰菜

食材（4人份）

去殼蝦仁⋯200g
白花椰菜⋯1顆（500g）
芹菜⋯1根（120g）
葡萄柚⋯1顆
調味醬 **5**
蜂蜜洋蔥醬⋯4大匙
太白粉⋯2大匙
鹽⋯適量

作法

1 白花椰菜分成小朵，若太大朵可以再縱向
切半。芹菜切成斜薄片。葡萄柚剝去外皮
和白色內膜。蝦仁抹上太白粉，再用清水
沖洗後擦乾。

2 在鍋中煮沸水，加入適量的鹽，放入白花
椰菜煮2分鐘後取出，接著加入蝦仁，煮
熟後瀝乾，並稍微放涼。

3 將2、芹菜、葡萄柚和調味醬放入碗中，
一起攪拌均勻。

保存期間 冷藏3天

1人份 167kcal、膳食纖維3.9g

在香蒜鯷魚熱沾醬中加入鮪魚，以增添滋味，
搭配多汁的白菜製成濃郁西式料理！

白菜蘿蔔拌玉米鮪魚

食材（4人份）

白菜…¼顆（600g）
胡蘿蔔…1根（150g）
玉米罐頭…1罐（100g）
鮪魚罐頭…1罐（100g）
鹽…1小匙
調味醬④
香蒜鯷魚熱沾醬…3大匙

作法

1 白菜縱向切開後，再橫切成0.5cm寬。
   胡蘿蔔切絲。兩者一起加入鹽，待軟
   化後，擠出多餘水分。

2 在碗中加入1、瀝乾湯汁的玉米、鮪魚
   和調味醬，一起攪拌均勻。

Point!

把蔬菜水份徹底擠出，這樣調味
醬才能完全滲透，讓味道更加均
勻、協調。

保存期間 冷藏3天

1人份 74kcal、膳食纖維3.8g

帶有甜味的彩椒和口感出色的木耳一起組合，
再用醬油韭菜醬精準地調味！

涼拌木耳彩椒

食材（4人份）
彩椒⋯紅色、黃色各1個（400g）
洋蔥⋯1顆（200g）
木耳⋯10g
調味醬 **2**
醬油韭菜醬⋯4大匙
芝麻油⋯½大匙

作法

1 彩椒橫切成半，再縱向切成0.7cm寬的條狀。洋蔥切成薄片，浸泡水中後，把水分瀝乾。木耳用微溫的水泡軟，把較硬的部分切除後，切成適口大小，再用熱水沖過，並將多餘水分瀝乾。

2 在碗中放入1、調味醬和芝麻油，攪拌均勻後靜置15分鐘。

1人份 260kcal、膳食纖維4.7g

以香蒜鯷魚熱沾醬打造西班牙油煎大蒜風味！
使用不同種類的菇類搭配會更加美味。

蒜味培根芹菜綜合菇

食材（4人份）

鴻禧菇…3包（300g）
杏鮑菇…2包（200g）
芹菜…1根（120g）
培根塊…150g
調味醬 4
香蒜鯷魚熱沾醬…4大匙
橄欖油…1小匙

作法

1. 鴻禧菇稍微拆散。杏鮑菇縱向切成4等分，再切成4段。芹菜莖部切成細丁，葉片則切成細條。培根切成1cm塊狀。

2. 在平底鍋加入橄欖油和培根，用中火翻炒至培根出油時，加入鴻禧菇和杏鮑菇煎至呈現焦糖色。

3. 熄火後，加入調味醬和芹菜，輕輕地拌炒混合。

保存期間 冷藏3天

1人份 75kcal、膳食纖維4.3g

利用蔬菜水分把海帶芽軟化以節省時間，
這款帶有濃郁芝麻香的料理也能當小菜來轉換口味！

涼拌味噌白菜海帶芽

食材（4人份）

白菜…¼顆（600g）
豆苗…1包（120g）
乾燥海帶芽…7g
鹽…⅔小匙
調味醬 1
芝麻味噌醬…3大匙

作法

1 白菜縱切成半後，再橫向切成0.7cm寬。豆苗切除根部後，再切成3等分。

2 在塑膠袋中加入 1 和鹽，充分搓揉後封口並靜置10分鐘。接著將水分擠出並放入碗中，加入海帶芽和調味醬攪拌均勻，直到海帶芽泡軟。

保存期間 冷藏3天

1人份 50kcal、膳食纖維3.8g

青椒連同種子一起享用，營養價值更高，
只需微波爐加熱即可完成，非常輕鬆！

醬油茄子青椒

食材（4人份）

茄子…6個（500g）
青椒…4個（140g）
茗荷…1個（20g）
料理酒…1大匙
A 調味醬 ②
　醬油韭菜醬…5大匙
　切碎紅辣椒…½根
　柴魚片…3g

作法

1　茄子縱向削掉3處皮，再切成較長的不規則形狀後，放入水中浸泡。青椒連同種子縱向切成4等分。

2　茗荷縱切成半後，斜切成薄片並放入碗中，加入A一起攪拌。

3　在耐熱盤放上瀝乾水分的茄子，撒上料理酒，蓋上保鮮膜後，用微波爐加熱5分鐘。取出後放上青椒，蓋上保鮮膜，再加熱3分鐘，將蒸氣和汁液一起倒入 2 中，攪拌均勻，靜置20分鐘。

在調味醬中加一味，
讓味道更加豐富！

＋美乃滋
變成西式風味

保存期間 冷藏3天

1人份 279kcal、膳食纖維5.1g

使用香蒜鰻魚熱沾醬，
充分帶出了大蒜的美味和鮮奶油的濃郁！

火腿蔬食通心粉

食材（4人份）

高麗菜…½顆（600g）
洋蔥…¼個（50g）
小黃瓜…1根（120g）
胡蘿蔔…⅓根（50g）
通心粉…100g
火腿…8片
鹽…1小匙&適量
A 調味醬
　香蒜鰻魚熱沾醬…3大匙
　美乃滋…3大匙

作法

1 高麗菜切成長4-5cm、寬0.7cm的條狀。洋蔥切薄片。小黃瓜切成薄片。胡蘿蔔縱向切成3等分後，再切成薄片。將以上食材放入塑膠袋中，撒1小匙鹽並均勻揉搓，待變軟後，把水分確實擠出。

2 在鍋中煮沸水，加入適量鹽，把通心粉依包裝建議烹煮時間煮熟，再瀝乾水分。

3 火腿切半後，再切成細條並放入碗中。最後加入 1 、 2 、A一起攪拌均勻。

＋魚露
變成泰式風味

用豆芽菜代替冬粉，再加上新鮮蝦仁，健康加倍！
調味則只需調味醬和魚露，製作非常簡單！

泰式涼拌鮮蝦

食材（4人份）

豆芽菜…2包（400g）
紫洋蔥…½個（100g）
胡蘿蔔…½根（75g）
芹菜…1根（120g）
香菜…1包（30g）
去殼蝦仁…150g

A 調味醬 3
　美味鹽蔥醬…4大匙
　魚露…1.5大匙

帶皮花生…30g
鹽…適量
太白粉…2大匙

作法

1　在耐熱碗放入豆芽菜，蓋上保鮮膜，用微波爐加熱10分鐘。待放涼後，確實將水分擠出。

2　用太白粉搓揉蝦仁，用水沖洗後擦乾水分。在鍋中煮沸水，加入適量的鹽，放入蝦仁，煮熟後瀝乾放涼。

3　紫洋蔥切成薄片，用水浸泡後瀝乾水分。胡蘿蔔切絲。芹菜斜切成薄片。香菜的莖部切碎，葉片則撕成小片。將以上食材放入碗中，再加入 1 、 2 、A和花生後，一起攪拌均勻。

在調味醬中加一味，
讓味道更加豐富！

保存期間 冷藏3天

+ 韓式辣醬
變成韓式風味

1人份 200kcal、膳食纖維3.9g

薄切洋蔥起到了把調味整合的作用，
這款微辣料理非常適合搭配米飯享用！

韓式烤小青椒油豆腐

食材（4人份）

日本小青椒…2包（150g）
油豆腐…2片（400g）
櫛瓜…2根（300g）
洋蔥…1顆（200g）

A | 調味醬 2
   醬油韭菜醬…3大匙
   韓式辣醬…1大匙

作法

1 在小青椒上用牙籤戳兩個洞。櫛瓜橫切成4等分，再縱向切成4等分。油豆腐用廚房紙巾擦去水分後，切成12等分。

2 將洋蔥切成細絲狀，放入碗中，再加入A攪拌均勻。

3 將油豆腐、小青椒和櫛瓜放入烤箱中，逐一烤至略帶焦黃色後取出，再放入 2 的碗中，混合均勻。

台灣廣廈 國際出版集團
Taiwan Mansion International Group

國家圖書館出版品預行編目（CIP）資料

料理家的萬用淋拌醬：用5種自製「黃金比例醬料」輕鬆調
味，端出103道美味蔬菜、肉蛋魚、主食料理 / 上島亜紀作.
-- 初版. -- 新北市：台灣廣廈，2024.07
112 面；19×26 公分
ISBN 978-986-130-622-3（平裝）
1.CST: 調味品 2.CST: 食譜

427.61   113005710

料理家的萬用淋拌醬
用5種自製「黃金比例醬料」輕鬆調味，端出103道美味蔬菜、肉蛋魚、主食料理

作　　者／上島亜紀　　　　編輯中心執行副總編／蔡沐晨・編輯／陳虹妏
譯　　者／彭琬婷　　　　　封面設計／何偉凱・內頁排版／菩薩蠻數位文化有限公司
　　　　　　　　　　　　　製版・印刷・裝訂／東豪・弼聖・秉成

行企研發中心總監／陳冠蒨　　　線上學習中心總監／陳冠蒨
媒體公關組／陳柔彣　　　　　　數位營運組／顏佑婷
綜合業務組／何欣穎　　　　　　企製開發組／江季珊、張哲剛

發　行　人／江媛珍
法律顧問／第一國際法律事務所 余淑杏律師・北辰著作權事務所 蕭雄淋律師
出　　版／台灣廣廈
發　　行／台灣廣廈有聲圖書有限公司
　　　　　　地址：新北市235中和區中山路二段359巷7號2樓
　　　　　　電話：（886）2-2225-5777・傳真：（886）2-2225-8052

代理印務・全球總經銷／知遠文化事業有限公司
　　　　　　地址：新北市222深坑區北深路三段155巷25號5樓
　　　　　　電話：（886）2-2664-8800・傳真：（886）2-2664-8801
郵政劃撥／劃撥帳號：18836722
　　　　　　劃撥戶名：知遠文化事業有限公司（※單次購書金額未達1000元，請另付70元郵資。）

■出版日期：2024年07月　　　ISBN：978-986-130-622-3

味だれ5つで！野菜がおいしすぎる超悦サラダ
© Aki Kamishima 2023
Originally published in Japan by Shufunotomo Co., Ltd.
Translation rights arranged with Shufunotomo Co., Ltd.